普通高等教育高职高专"十三五"规划教材

组态监控软件应用技术

陈宇莹　主编

U0340810

中国水利水电出版社
www.waterpub.com.cn

·北京·

内 容 提 要

本教材主要介绍了市场上应用广泛的 KingView、iFIX、WinCC、InTouch 组态软件的实际工程应用和详细组态过程。采用实例详解的方法，以大量图形的形式，结合电气控制和工艺，深入浅出地介绍了组态软件应用的案例。

本教材可作为高职高专电气工程及自动化、工业自动化、应用电子、计算机应用、机电一体化及相关专业的教材或培训教材，也可作为相关工程技术人员自学组态软件应用的读物。

图书在版编目（ＣＩＰ）数据

组态监控软件应用技术 / 陈宇莹主编. -- 北京：中国水利水电出版社，2018.9
普通高等教育高职高专"十三五"规划教材
ISBN 978-7-5170-6557-9

Ⅰ．①组… Ⅱ．①陈… Ⅲ．①工业监控系统－应用软件－高等职业教育－教材 Ⅳ．①TP277.2

中国版本图书馆CIP数据核字(2018)第140559号

书　　名	普通高等教育高职高专"十三五"规划教材 **组态监控软件应用技术** ZUTAI JIANKONG RUANJIAN YINGYONG JISHU
作　　者	陈宇莹　主编
出版发行	中国水利水电出版社 （北京市海淀区玉渊潭南路1号D座　100038） 网址：www.waterpub.com.cn E-mail：sales@waterpub.com.cn 电话：(010) 68367658（营销中心）
经　　售	北京科水图书销售中心（零售） 电话：(010) 88383994、63202643、68545874 全国各地新华书店和相关出版物销售网点
排　　版	中国水利水电出版社微机排版中心
印　　刷	天津嘉恒印务有限公司
规　　格	184mm×260mm　16开本　17.5印张　415千字
版　　次	2018年9月第1版　2018年9月第1次印刷
印　　数	0001—2000册
定　　价	**40.00元**

前言 *QIANYAN*

目前组态技术在各行各业得到了广泛应用且发展迅速，针对自动化类、电子类、机电类等相关专业高职高专人才的培养方向，迫切需要一本系统讲述组态软件原理及其应用的入门教材，为高职高专学生提供理论和实践上的指导。《组态监控软件应用技术》正是为满足这一需求，作者结合近年来的教学实践经验，并结合过去教材编写的经验，力求做到选题精炼，难度适中，题型多样且为多媒体教学提供理想的操作平台，注重典型性、启发性、实用性和先进性。《组态监控软件应用技术》主要介绍了市场上应用广泛的 KingView、iFIX、WinCC、InTouch 组态软件的实际工程应用和详细组态过程。采用实例详解的方法，以大量图形的形式，结合电气控制和工艺，深入浅出地介绍了组态软件应用的案例。《组态监控软件应用技术》可作为高职高专电气工程及自动化、工业自动化、应用电子、计算机应用、机电一体化及相关专业的教材或培训教材，也可作为相关工程技术人员自学组态软件的读物。

作为个人计算机监控系统的重要组成部分，监控组态软件比 PC 监控的硬件系统具有更为广阔的发展空间。这是因为：第一，很多 DCS 和 PLC 厂家主动公开通信协议，加入 PC 监控的阵营。第二，由于 PC 监控大大降低了系统成本，使得市场空间得到扩大，从无人值守的远程监视（如防盗报警、江河汛情监视、环境监控、电信线路监控、交通管制与监控、矿井报警等）、数据采集与计量（如居民水电气表的自动抄表、铁道信号采集与记录等）、数据分析（如汽车/机车自动测试、机组/设备参数测试、医疗化验仪器设备实时数据采集、虚拟仪器/生产线产品质量抽检等）到过程控制，几乎无处不用。第三，各类智能仪表、调节器和 PC‑Based 设备可与组态软件构筑完整的低成本自动化系统，具有广阔的市场空间。第四，各类嵌入式系统和现场总线的异军突起，把组态软件推到了自动化系统主力军的位置。在工业自动化生产系统中实施先进控制，能嵌入先进控制和优化控制策略的组态软件必将成为自动化控制行业中的未来趋势。

编者

2018 年 1 月 28 日

目录 *MULU*

绪　论

　　随着工业自动化水平的迅速提高，计算机在工业领域的广泛应用，人们对工业自动化的要求越来越高。种类繁多的控制设备和过程监控装置在工业领域的应用，使得传统的工业控制软件已无法满足用户的各种需求。在开发传统的工业控制软件时，当工业被控对象一旦有变动，就必须修改其控制系统的源程序，导致其开发周期长；已开发成功的工控软件又由于每个控制项目的不同而使其重复使用率很低，导致它的价格非常昂贵；在修改工控软件的源程序时，倘若原来的编程人员因工作变动而离去，则必须同其他人员或新手进行源程序的修改，因而更是相当困难。通用自动化工业组态软件的出现为解决上述实际工程问题提供了一种崭新的方法，因为它能够很好地解决传统工业控制软件存在的种种问题，使用户能根据自己的控制对象和控制目的任意组态，完成最终的自动化控制工程。

　　组态的概念最早来自英文 Configuration，含义是使用软件工具对计算机及软件的各种资源进行配置，达到让计算机或软件按照预先设置自动执行特定任务、满足使用者要求的目的。监控组态软件是面向监控与数据采集（Supervisor Control and Data Acquisition，SCADA）的软件平台工具，具有丰富的设置项目，使用方式灵活、功能强大。监控组态软件最早出现时，人机接口（也称人机界面）（Human Machine Interface，HMI）或多媒体接口（也称人机界面）（Man Machine Interface，MMI）是其主要内涵，即主要解决人机图形界面问题。随着它的快速发展，实时数据库、实时控制、SCADA、通信及联网、开放数据接口、对 I/O 设备的广泛支持已经成为它的主要内容。随着技术的发展，监控组态软件将会不断被赋予新的内容。

　　组态（Configuration）为模块化任意组合。通用组态软件主要特点有以下几点：

　　（1）延续性和可扩展性。用通用组态软件开发的应用程序，当现场（包括硬件设备或系统结构）或用户需求发生改变时，不需做很多修改而方便地完成软件的更新和升级。

　　（2）封装性（易学易用）。通用组态软件所能完成的功能都用一种方便用户使用的方法包装起来，对于用户，不需掌握太多的编程语言技术（甚至不需要编程技术），就能很好地完成一个复杂工程所要求的所有功能。

　　（3）通用性。每个用户根据工程实际情况，利用通用组态软件提供的底层设备（PLC、智能仪表、智能模块、板卡、变频器等）的 I/O Driver、开放式的数据库和画面制作工具，就能完成一个具有动画效果、实时数据处理、历史数据和曲线并存、具有多媒体功能和网络功能的工程，不受行业限制。

　　组态软件指一些数据采集与过程控制的专用软件，它们是在自动控制系统监控层一级的软件平台和开发环境，能以灵活多样的组态方式（而不是编程方式）提供良好的用户开发界面和简捷的使用方法，它解决了控制系统通用性问题。其预设置的各种软件模块可以非常容易地实现和完成监控层的各项功能，并能同时支持各种硬件厂家的计算机和 I/O 产品，与可靠的工控计算机和网络系统结合，可向控制层和管理层提供软硬件的全部接口，进行系统集成。

组态软件通常有以下几方面的功能：

（1）强大的界面显示组态功能。目前，工控组态软件大都运行于 Windows 环境下，充分利用 Windows 的图形功能完善界面美观的特点，可视化的风格界面、丰富的工具栏，操作人员可以直接进入开发状态，节省时间。丰富的图形控件和工况图库，既提供所需的组件，又是界面制作向导。提供给用户丰富的作图工具，可随心所欲地绘制出各种工业界面，并可任意编辑，从而将开发人员从繁重的界面设计中解放出来，丰富的动画连接方式，如隐含、闪烁、移动等，使界面生动、直观。

（2）良好的开放性。社会化的大生产，使得系统构成的全部软硬件不可能出自一家公司的产品，"异构"是当今控制系统的主要特点之一。开放性是指组态软件能与多种通信协议互联，支持多种硬件设备。开放性是衡量一个组态软件好坏的重要指标。组态软件向下应能与低层的数据采集设备通信，向上能与管理层通信，实现上位机与下位机的双向通信。

（3）丰富的功能模块。提供丰富的控制功能库，满足用户的测控要求和现场要求。利用各种功能模块，完成实时监控，产生功能报表，显示历史曲线、实时曲线，提供报警等功能，使系统具有良好的人机界面，易于操作，系统既可以适用于单机集中式控制、DCS 分布式控制，也可以是带远程通信能力的远程测控系统。

（4）强大的数据库。配有实时数据库，可存储各种数据，如模拟量、离散量、字符型量等，实现与外部设备的数据交换。

（5）可编程的命令语言。有可编程的命令语言，使用户可根据自己的需要编写程序，增强图形界面。

（6）周密的系统安全防范。对不同的操作者，赋予不同的操作权限，保证整个系统的安全可靠运行。

（7）仿真功能。提供强大的仿真功能使系统并行设计，从而缩短开发周期。

第一篇 组态监控软件应用

项目 1

组态监控软件概述

1.1 组态软件的特点

组态有设置、配置等含义，也就是模块的任意组合。在软件领域内，是指操作人员根据应用对象及控制任务的要求，配置操作人员应用软件的过程（包括对象的定义、制作和编辑，以及对象状态特征属性参数的设定等），使用软件工具对计算机及软件的各种资源进行配置，达到让计算机或软件按照预先设置自动执行特定任务、满足使用者要求的目的。它集过程控制、现场操作以及工厂资源管理于一体，将一个企业的各种生产系统应用以及信息交流汇集在一起，实现最优化管理。

组态王（KingView 6.55）软件是一种通用的工业监控软件，具有丰富功能的 HMI/SCADA 软件，操作人员在企业网络的所有层次的各个位置上都可及时获得系统的实时信息。组态王软件为系统工程师提供了集成、灵活、易用的开发环境和广泛的功能，能够快速建立、测试和部署自动化应用，连接、传递和记录实时信息，使操作人员可以实时查看和控制工业生产过程。采用组态王软件开发工业监控工程，可以极大地增强操作人员生产控制能力，提高工厂的生产力和效率，提高产品质量，减少成本及原材料的消耗。它适用于从单一设备的生产运营管理和故障诊断，到网络结构分布式大型监控管理系统的开发。

1.2 组态工程项目的组成

1.2.1 组态王软件的构成

安装完组态王软件之后，在系统"开始"菜单"程序"中生成名称为"组态王 6.55"的程序组。组态王软件结构由工程管理器、工程浏览器及画面运行系统三部分构成。

（1）工程管理器（ProjManager）用于新工程的创建和已有工程的管理，对已有工程进行搜索、添加、备份、恢复以及实现数据词典的导入和导出等功能。

（2）工程浏览器（TouchExplorer）是内嵌组态王画面开发系统，即组态王开发系统。是一个工程开发设计工具，用于创建监控画面、监控的设备及相关变量、动画连接、命令语言以及设定运行系统配置等的系统组态工具。

（3）画面运行系统（TouchVew）是工程运行界面，从采集设备中获得通信数据，并依据工程浏览器的动画设计显示动态画面，实现人与控制设备的交互操作。工程浏览器和画面运行系统是各自独立的 Windows 应用程序，均可单独使用；两者又相互依存，在工程浏览器的画面开发系统中设计开发的画面应用程序必须在画面运行系统（TouchView）运行环境中才能运行。

除了从程序组中可以打开组态王程序，安装完组态王软件后，在系统桌面上也会生成组态王工程管理器的快捷方式，名称为"组态王 6.55"。

1.2.2　制作一个工程的一般过程

（1）创建工程路径。

（2）设计图形界面（定义画面）。

（3）定义 I/O 设备。

（4）构造数据库（定义变量）。

（5）建立动画连接。

（6）运行和调试。

需要说明的是，这五个步骤并不是完全独立的，事实上，这几个部分常常是交错进行的。在用组态王画面开发系统编制工程时，要依照此过程考虑以下三个方面：

（1）图形。操作人员希望怎样的图形画面？也就是怎样用抽象的图形画面来模拟实际的工业现场和相应的工控设备。

（2）数据。怎样用数据来描述工控对象的各种属性？也就是创建一个具体的数据库，此数据库中的变量反映了工控对象的各种属性，如温度、压力等。

（3）连接。数据和图形画面中的图素的连接关系是什么？也就是画面上的图素以怎样的动画来模拟现场设备的运行以及怎样让操作者输入控制设备的指令。

1. 创建工程路径

建立组态王新工程要建立新的组态王工程，首先为工程指定工作目录（或称工程路径），组态王用工作目录标志工程，不同的工程应置于不同的目录。工作目录下的文件由组态王自动管理。

【实例 1.1】 创建工程路径

启动组态王工程管理器（ProjManager），选择菜单"文件\新建工程"或单击"新建"按钮，弹出如图 1.1 所示画面。

单击"下一步"继续。弹出"新建工程向导之二"对话框，如图 1.2 所示。

图 1.1　新建工程向导之一对话框

图 1.2　新建工程向导之二对话框

在工程路径文本框中输入一个有效的工程路径，或单击"浏览..."按钮，在弹出的路径选择对话框中选择一个有效的路径。单击"下一步"继续，弹出"新建工程向导之三"对话框，如图 1.3 所示。

在工程名称文本框中输入工程的名称，该工程名称同时将被作为当前工程的路径名称。在工程描述文本框中输入对该工程的描述文字。工程名称长度应小于 32 个字符，工程描述长度应小于 40 个字符。单击"完成"完成工程的新建。系统会弹出对话框，询问操作人员是否将新建的工程设为组态王当前工程，如图 1.4 所示。

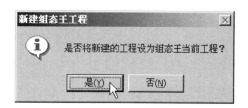

图 1.3　新建工程向导之三对话框　　　　图 1.4　是否设为当前工程对话框

单击"否"按钮，则新建工程不是工程管理器的当前工程；如果要将该工程设为新建工程，还要执行"文件设为当前工程"命令；单击"是"按钮，则将新建的工程设为组态王的当前工程。定义的工程信息会出现在工程管理器的信息表格中。双击该信息条或单击"开发"按钮或选择菜单"工具切换到开发系统"，进入组态王的开发系统。建立的工程路径为 C：\WINDOWS\Documents and Settings\桌面（组态王画面开发系统为此工程建立目录 C：\WINDOWS\Documents and Settings\桌面并生成必要的初始数据文件。这些文件对不同的工程是不相同的，因此，不同的工程应该分置不同的目录）。

2. 设计图形界面（定义画面）

创建组态画面进入组态王开发系统后，就可以为每个工程建立数目不限的画面，在每个画面上生成互相关联的静态或动态图形对象。这些画面都是由组态王提供的类型丰富的图形对象组成的。系统为操作人员提供了矩形（圆角矩形）、直线、椭圆（圆）、扇形（圆弧）、点位图、多边形（多边线）、文本等基本图形对象，以及按钮、趋势曲线窗口、报警窗口、报表等复杂的图形对象，提供了对图形对象在窗口内任意移动、缩放、改变形状、复制、删除、对齐等的编辑操作，全面支持键盘、鼠标绘图，并可提供对图形对象的颜色、线型、填充属性进行改变的操作工具。

组态王采用面向对象的编程技术，使操作人员可以方便地建立画面的图形界面。操作人员构图时可以像搭积木那样利用系统提供的图形对象完成画面的生成。同时支持画面之间的图形对象拷贝，可重复使用以前的开发结果。

【实例 1.2】　设计图形界面（定义画面）

继续［实例 1.1］的工程。

第一步：定义新画面。

进入新建的组态王工程，选择工程浏览器左侧大纲项"文件\画面"，在工程浏览器右侧用鼠标左键双击"新建"图标，弹出对话框如图 1.5 所示。

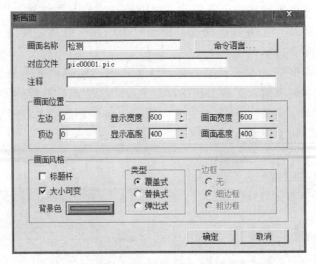

图 1.5　新画面对话框

在"画面名称"处输入新的画面名称,如"检测",其他属性目前不用更改。单击"确定"按钮进入内嵌的组态王开发系统,如图 1.6 所示。

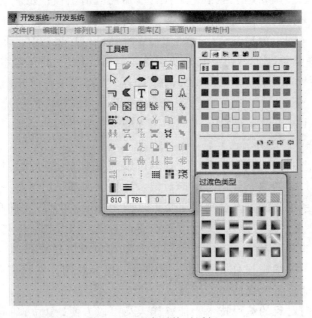

图 1.6　开发系统对话框

第二步:在组态王开发系统中从工具箱中分别选择"矩形"和"文本"图标,绘制一个矩形对象和一个文本对象,如图 1.7 所示。

在工具箱中选中"圆角矩形",拖动鼠标在画面上画一矩形,用鼠标在工具箱中单击"显示画刷类型"和"显示调色板",在弹出的"过渡色类型"窗口单击第二行第五个过渡色类型;在"调色板"窗口单击第一行第二个"填充色"按钮,从下面的色块中选取蓝色作为填充色,然后单击第一行第三个"背景色"按钮,从下面的色块中选取红色作为背景

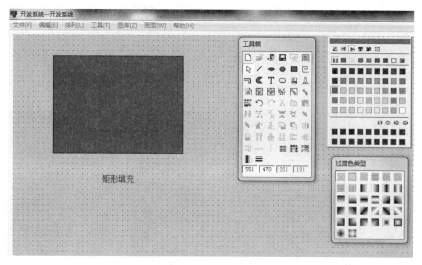

图1.7　创建图形画面

色，此时就构造好了一个使用过渡色填充的矩形图形对象，在工具箱中选中"文本"此时鼠标变成"I"形状，在画面上单击鼠标左键，输入"矩形"文字，选择"文件全部保存"命令保存现有画面。

3. 定义I/O设备

定义I/O设备组态王把那些需要与其交换数据的设备或程序都作为外部。外部设备包括：下位机（PLC、仪表、模块、板卡、变频器等），它们一般通过串行口和上位机交换数据；其他Windows应用程序，它们之间一般通过DDE交换数据；还包括网络上的其他计算机，本例中使用仿真PLC和组态王通信。仿真PLC可以模拟PLC为组态王提供数据。假设仿真PLC连接在计算机的COM2口。

【实例1.3】　定义I/O设备

继上节的工程。选择工程浏览器左侧大纲项"设备COM1"，在工程浏览器右侧用鼠标左键双击"新建"图标，运行"设备配置向导"，如图1.8所示。

选择"仿真PLC"的"串行"项，单击"下一步"，弹出"设备配置向导"，如图1.9所示。

图1.8　设备配置向导对话框（一）

图1.9　设备配置向导对话框（二）

为外部设备取一个名称，输入 PLC，单击"下一步"，弹出"设备配置向导"，如图1.10 所示。

为设备选择连接串口，假设为 COM2，单击"下一步"，弹出"设备配置向导"，如图1.11 所示。

 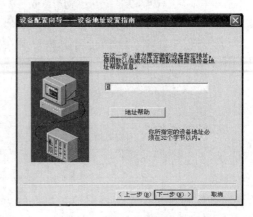

图 1.10　设备配置向导对话框（三）　　　图 1.11　设备配置向导对话框（四）

填写设备地址，假设为 2，单击"下一步"，弹出"通信参数"，如图 1.12 所示。

设置通信故障恢复参数（一般情况下使用系统默认设置即可），单击"下一步"，弹出"设备安装向导"，如图 1.13 所示。

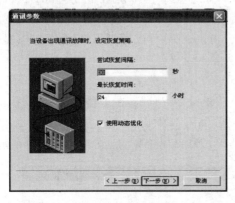 

图 1.12　设备配置向导对话框（五）　　　图 1.13　设备配置向导对话框（六）

检查各项设置是否正确，确认无误后，单击"完成"。

设备定义完成后，可以在工程浏览器的右侧看到新建的外部设备"DDT"。在定义数据变量时，只要把 I/O 变量连接到这台设备上，它就可以和组态王交换数据了。具体如何进行 I/O 设备的定义、管理等工作，参见"项目 2 I/O 设备管理"。

4. 构造数据库

数据库是组态王软件的核心部分，工业现场的生产状况要以动画的形式反映在屏幕上，操作者在计算机前发布的指令也要迅速送达生产现场，所有这一切都是以实时数据库为中间环节，所以说数据库是联系上位机和下位机的桥梁，在 TouchVew 运行时，它含有全数据变量的当前值。变量在画面制作系统组态王画面开发系统中定义，定义时要指定变量名和变量类型，某些类型的变量还要一些附加信息，数据库中变量的集合形象地称为"数据词典"，数据词典记录了所有操作人员可使用的数据变量的详细信息。

【实例 1.4】 构造数据库

继续上节的工程。选择工程浏览器左侧大纲项"数据库 \ 数据词典"，在工程浏览器右侧用鼠标左键双击"新建"图标，弹出定义变量对话框，如图 1.14 所示。

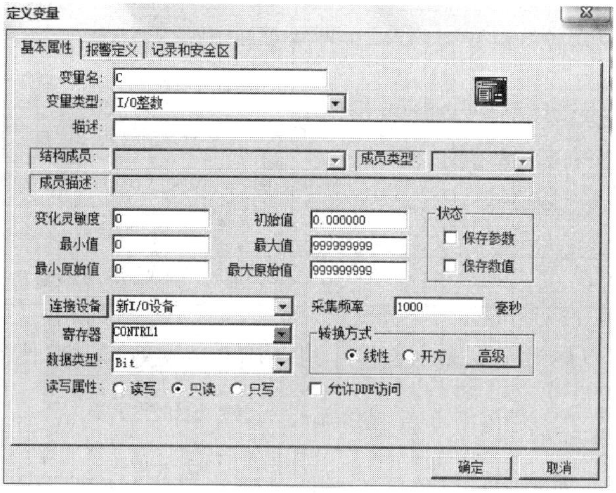

图 1.14 定义变量对话框

此对话框可以对数据变量进行定义、修改等操作，以及数据库的管理工作，详细变量操作参见"项目 3 变量的定义与管理"。

在"变量名"处输入变量名，如 C；在"变量类型"处选择变量类型，如 I/O 整数；在"连接设备"中选择先前定义好的 I/O 设备；在"寄存器"中定义为 INCREA100；在"数据类型"中定义为 SHORT。其他属性目前不用更改，单击"确定"即可，如图 1.15所示。

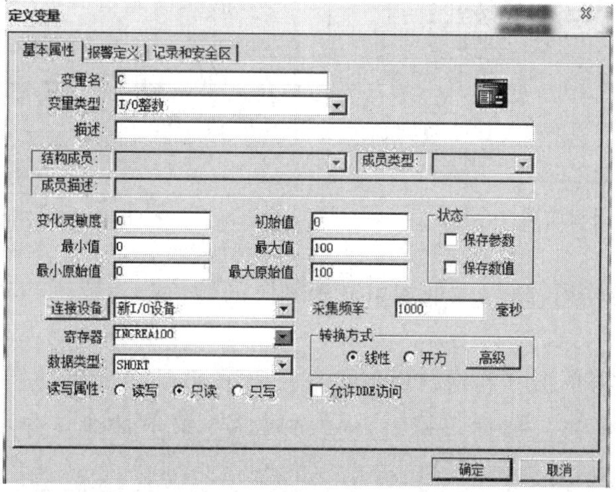

图 1.15 创建 I/O 变量

5. 定义动画连接

定义动画连接是指在画面的图形对象，对数据库的数据变量之间建立一种关系，当变量的值改变时，在画面上以图形对象的动画效果表示出来；或者由软件使用者通过图形对象改变数据变量的值。组态王提供了 22 种动画连接方式，见表 1.1。

表 1.1	动 画 连 接 方 式
属 性 变 化	线属性变化、填充属性变化、文本色变化
位置与大小变化	填充、缩放、旋转、水平移动、垂直移动
值输出	模拟值输出、离散值输出、字符串输入
值输入	模拟值输出、离散值输出、字符串输入
特殊	闪烁、隐含、流动（仅适用于立体管道）
滑动杆输入	水平、垂直
命令语言	按下时、弹起时、按住时

一个图形对象可以同时定义多个连接，组合成复杂的效果，以便满足实际中任意的动画显示需要。

【**实例 1.5**】　创建动画连接

继续上节的工程。双击图形对象即矩形，可弹出"动画连接"对话框，如图 1.16 所示。用鼠标单击"填充"按钮，弹出对话框如图 1.17 所示。

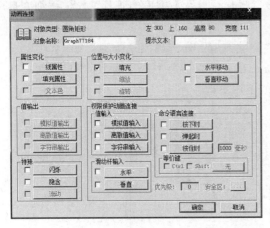

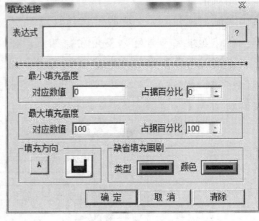

图 1.16　动画连接（一）　　　　　　　　图 1.17　填充属性

在"表达式"处输入"D"，"缺省填充画刷"的颜色改为黄色，其余属性目前不用更改，如图 1.18 所示。

单击"确定"，再单击"确定"返回组态王开发系统。为了让矩形动起来，需要使变量即 D 能够动态变化，选择"编辑、画面属性"菜单命令，弹出对话框如图 1.19 所示。

单击"命令语言 ..."按钮，弹出"应用程序命令语言"对话框，如图 1.20 所示。

```
if (a＜100)
  a＝a＋10；
 else
   a＝0；
```

可将"每300毫秒"改为"每500毫秒"，此为画面执行命令语言的执行周期。单击"确认"及"确定"回到开发系统。

双击文本对象"矩形"，可弹出"动画连接"对话框，如图1.21所示。

图1.18　更改填充属性

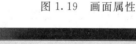

图1.19　画面属性

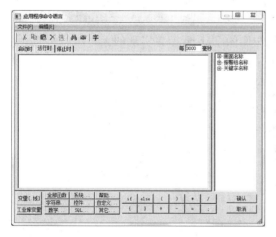

图1.20　应用程序命令语言

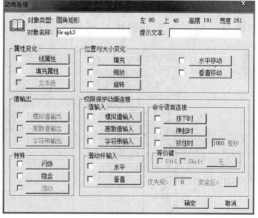

图1.21　动画连接（二）

用鼠标单击"模拟值输出"按钮，弹出对话框如图1.22所示。

在"表达式"处输入"D"，其余属性目前不用更改。单击"确定"，再单击"确定"返回组态王开发系统。选择"文件/全部保存"菜单命令。

6. 运行和调试

组态王工程已经初步建立起来，进入到运行和调试阶段，在组态王开发系统中选择"文件、切换到 View"菜单命令，进入组态王运行系统。在运行系统中选择"画面＼打开"命令,从"打开画面"窗口选择"Test"画面。显示出组态王运行系统画面,即可看到矩形框和文本在动态变化,如图 1.23 所示。

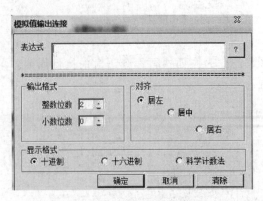

图 1.22 模拟值输出连接

图 1.23 运行系统画面

1.3 组态监控软件开发功能

1. 工程浏览器概述

组态王工程浏览器的结构如图 1.24 所示。组态王工程浏览器由 Tab 页标签、菜单栏、工具栏、目录显示区、内容显示区、状态栏组成,目录显示区以树形结构图显示功能节点,操作人员可以扩展或收缩工程浏览器中所列的功能项。工程浏览器左侧是"工程目录显示区",主要展示工程的各个组成部分。主要包括"系统""变量""站点"和"画面"四部分,这四部分的切换是通过工程浏览器最左侧的 Tab 页标签实现的。

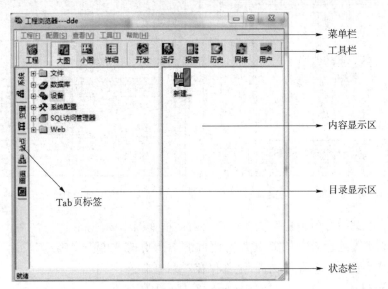

图 1.24 工程浏览器

工程浏览器的使用和 Windows 的资源管理器相类似。

（1）"系统"部分共有"Web""文件""数据库""设备""系统配置"和"SQL访问管理器"6大项：

1）"Web"为组态王For Internet功能画面发布工具。

2）"文件"主要包括"画面""命令语言""配方"和"非线性表"。其中命令语言又包括"应用程序命令语言""数据改变命令语言""事件命令语言""热键命令语言"和"自定义函数命令语言"。

3）"数据库"主要包括"结构变量""数据词典"和"报警组"。

4）"设备"主要包括"串口1（COM1）""串口2（COM2）""dde设备""板卡""OPC服务器"和"网络站点"。

5）"系统配置"主要包括"设置开发系统""报警配置""历史数据记录""网络配置""操作人员配置"和"打印配置"。

6）"SQL访问管理器"主要包括"表格模板"和"记录体"。

（2）"变量"部分主要为变量管理，包括变量组。

（3）"站点"部分显示定义的远程站点的详细信息。

（4）"画面"部分用于对画面进行分组管理，创建和管理画面组。

（5）右侧是"目录显示区"，将显示每个工程组成部分详细内容，同时对工程提供必要的编辑修改功能。

2. 工程浏览器的功能

组态王的开发功能——工程浏览器必须要具备许多的功能才能实现将工程元素集中管理，工程技术人员才能真正实现学得快、做得好。下面简要介绍工程浏览器的功能。

（1）工程菜单是工程浏览器的下拉式菜单，如图1.25所示，在此菜单栏中有如下内容：

1）启动工程管理器用来打开工程管理器。

2）导入用于将另一组组态王工程的画面和命令语言导入到当前工程中。

3）导出是将当前组态王工程的画面和命令语言导入到当前工程中。

4）退出是关闭工程浏览器。

（2）配置菜单是工程浏览器的下拉式菜单，如图1.26所示，在此菜单栏中有如下内容：

图1.25 组态王工程菜单

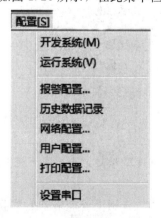

图1.26 组态王配置菜单

1）开发系统用于对开发系统外观进行设置。

2）运行系统用于对运行系统外观、定义运行系统同基准频率、设定运行系统启动时自动打开的主页面等。

3）报警配置用于将报警和事件信息输出到文件、数据库和打印机中的配置。

4）历史数据记录，此命令和历史数据的记录有关，是用于对历史数据记录文件保存路径和其他参数（如数据保存天数）进行配置，从而可以利用历史趋势曲线显示历史数据。也可进行分布式历史数据配置，使本机节点中的组态王能够访问远程计算机的历史数据。

5）网络配置用于配置组态王网络。

6）用户配置用于建立组态王操作人员、操作人员组以及安全区配置。

7）打印配置用于配置"画面""实时报警""报告"打印时的打印机。

8）设置串口用于配置串口通信参数及对 Modem 拨号的设置。

（3）查看菜单是下拉式菜单，如图 1.27 所示。

1）工具条用于显示/关闭工程浏览器的工具条，当工具条菜单左边出现"√"号时，显示工具条，当工具条菜单左边没有出现"√"号时，工具条消失。

2）状态条用于显示/关闭工程浏览器的状态条，当状态条菜单左边出现"√"号时，显示状态条，当状态条菜单左边没有出现"√"号时，状态条消失。

3）大图标用于将目录内容显示区中的内容以大图标显示。当"大图标"菜单左边出现"·"号时，显示大图标。

4）小图标用于将目录内容显示区中的内容以小图标显示。当"小图标"菜单左边出现"·"号时，显示小图标。

5）详细资料用于将目录内容显示区中各成员项所包含的全部详细内容显示出来。

（4）工具菜单是下拉式菜单，如图 1.28 所示。

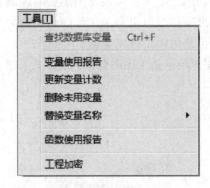

图 1.27　查看菜单　　　　　　　图 1.28　工具菜单

1）查找数据库变量 Ctrl+F 用于查找指定数据库中变量，并且显示该变量的详细情况供操作人员选择。

2）变量使用报告用于统计组态王变量的使用情况，即变量所在的画面以及使用变量的图素在画面中的坐标位置和使用变量的命令语言的类型。

3）更新变量计数，数据库采用对变量引用就进行计数的办法来表明变量是否被引用。"变量引用计数"为 0 表明数据定义后没有被使用过。当删除、修改某些连接表达式，或删除画面，使变量引用技术变化时，数据库并不自动更新此计算值。操作人员需要使用更新变量计数命令来统计、更新变量使用情况。

4）删除未用变量，数据库维护大部分工作都是由系统自动完成的，设计者需要做的是在完成的最后阶段"删除未用变量"。在删除未用变量之前需要更新变量计数，目的是确定变量是否有动画连接或是否在命令语言中使用过，只有没有使用过（变量计数＝0）的变量才可以删除。更新变量计数之前要求关闭所有画面。

5）替换变量名称用于将已有的旧变量用新的变量名来替换。

6）函数使用报告为操作人员准确提供了工程中函数的使用情况，该功能显示的函数包括组态王函数、控件的属性和方法，以及用户自定义函数。

7）工程加密，为了防止其他人员对工程进行修改，可以对所开发的工程进行加密。也可以对加密的工程进行取消工程密码保护的操作。

（5）帮助菜单是下拉式菜单，如图 1.29 所示。此菜单用于弹出信息框显示组态王的版本情况和组态王的帮助信息。

3. 组态王的画面开发系统

组态王画面开发系统内嵌于组态王工程浏览器中，又称为界面开发系统，是应用程序的集成开发环境，设计者在这个环境里进行系统开发，界面开发系统决定工程浏览器，因此界面开发系统所需具备的功能也是必须要齐全的，也就是说组态王的开发环境要求比较高，必须能够适合组态王的画面开发，下面就简要介绍界面开发系统所必须具有的各项功能要求。

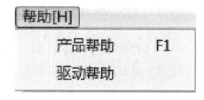

图 1.29　帮助菜单

单击工程浏览器的工具条上的"MAKE"按钮，或者是对着工程浏览器的空白处单击右键，选中"切换 MAKE"，弹出如图 1.30 所示画面。

当新建一个画面时，界面开发系统就变成如图 1.31 所示。

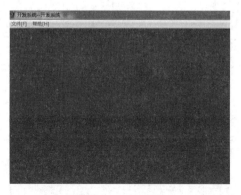

图 1.30　开发系统

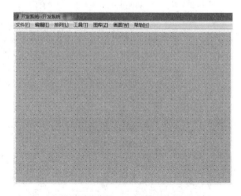

图 1.31　界面开发系统菜单

（1）文件菜单是下拉式菜单，如图 1.32 所示，此命令是用于建立、打开、保存、关闭等操作。

（2）编辑菜单是下拉式菜单，用来对图形进行编辑命令，如图 1.33 所示。

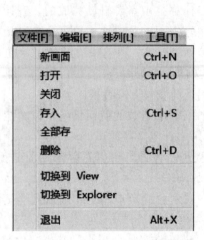

图 1.32 文件菜单

图 1.33 编辑菜单

（3）排列菜单是下拉式菜单，用来调整画面中图形元素的排列方式，如图 1.34 所示。

（4）工具菜单是下拉式菜单，用来激活绘制图素的状态，图素包括线、填充形状（封闭图形）和文本三类简单对象和按钮、趋势曲线、报警窗口等特殊复杂图素，如图 1.35 所示。

图 1.34 排列菜单

图 1.35 工具菜单

（5）图库菜单是下拉式菜单，用于打开图库，调出图库内存、创建新图库精灵、转化图素等操作，如图 1.36 所示。

图 1.36 图库菜单

（6）画面菜单是下拉式菜单，在画面菜单下方列出已经打开的画面名称，选取其中的一项可激活相应的画面，时期显示在屏幕上，如图 1.37 所示。

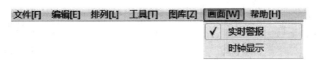

图 1.37 画面菜单

（7）帮助菜单是用来查看组态王的帮助文件，如图 1.38 所示。

图 1.38 帮助菜单

I/O 设备管理

组态王采用工程浏览器界面来管理硬件设备，已配置好的设备统一列在工程浏览器界面下的设备分支，如图 2.1 所示，组态王支持的硬件设备包括可编程控制器（PLC）、智能模块、板卡、智能仪表、变频器等。设计者可以把每一台下位机当作一种设备，只需要在组态王的设备库中选择设备的类型，然后按照"设备配置向导"的提示一步步完成安装即可。为使驱动程序的配置更加方便，组态王支持的通信方式有串口通信、数据采集板、DDE 通信、人机界面卡、网络模块和 OPC。

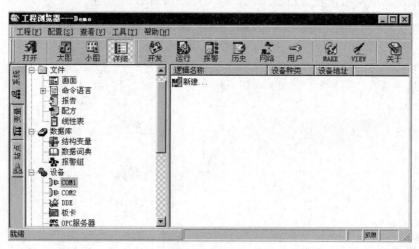

图 2.1　组态王管理的 I/O 设备

2.1　I/O 设备定义

组态王提供了定义 I/O 设备的配置向导页，工程技术人员根据这些向导页可以方便快捷地添加、修改和配置硬件设备，同时组态王还为这些硬件设备提供了大量的驱动程序供技术人员安装。下面就介绍如何定义主要 I/O 设备。

2.1.1　定义 DDE 设备操作步骤

（1）打开工程浏览器的目录区，用左键单击设备栏里的 DDE，则在右侧内容区出现"新建…"栏目图标，如图 2.2 所示。

（2）左键双击"新建"图标，弹出"设备配置向导"对话框或者对着"新建"图标单击右键出现菜单，单击菜单中的"新建 DDE 节点"，同样弹出"设备配置向导"对话框，如图 2.3 所示。

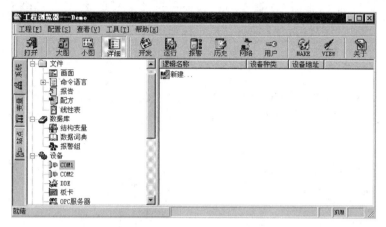

图 2.2　DDE 设备配置

（3）技术人员从对话框内的树形图中选中 DDE 节点，然后单击"下一步"，则弹出"设备配置向导——逻辑名称"对话框，如图 2.4 所示。

在对话框的编辑框中为 DDE 设备指定组名名称，如"Exceltoview"。单击"上一步"按钮，则可返回上一个对话框。

（4）单击图 2.4 中的"下一步"按钮，弹出"设备配置向导——DDE"对话框，如图 2.5 所示。

图 2.3　设备配置向导（一）

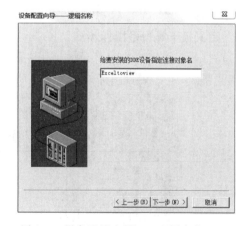

图 2.4　设备配置向导——逻辑名称（一）

技术人员要为 DDE 设备指定服务程序名、话题名、数据交换方式，图 2.5 对话框中各名称的意义如下：

"服务程序名"指的是与组态王交换数据的 DDE 服务程序名称，一般是 I/O 服务程序，或者是 Windows 应用程序，本例中是 Excel。

"话题名"指的是本程序和服务程序进行 DDE 连接的话题名（Topic），图 2.5 中为 Excel 程序的工作表名 sheel。

"数据交换方式"指的是 DDE 会话的两种方式，"高速块交换"是北京亚控公司开发的通信程序采用的方式，它的交换速度快；如果设计者是按照标准的 Windows DDE 交换协议开发自己的 DDE 服务程序，或者是在组态王和一般的 Windows 应用程序之间交换数据，则应选择"标准的 Windows 项目交换"选项。

（5）单击图 2.5 对话框的"下一步"按钮，弹出如图 2.6 所示"设备安装向导——信息总结"对话框。

图 2.6 所显示的内容是 DDE 所有设备的信息，技术人员可以查看，单击"完成"按钮，则表明在"工程浏览器"下已添加了 DDE 设备。

图 2.5 设备配置向导——DDE

图 2.6 设备安装向导——信息总结（一）

DDE 设备配置完成后，分别启动 DDE 服务程序和组态王的 TouchVew 运行环境。

2.1.2 定义板卡类设备操作步骤

（1）打开工程浏览器的目录区，用左键单击设备栏里的"板卡"，则在右侧内容显示区出现"新建……"栏目图标，如图 2.7 所示。

图 2.7 板卡设置配置

（2）现以研华 PCL724 作为实例来介绍板卡设备的设置，左键双击"新建"图标，弹出"设备配置向导"或者对"新建"图标单击右键出现菜单，单击菜单中的"新建板卡"，也一样弹出"设备配置向导"对话框，如图 2.8 所示。

在图 2.8 的树形设备列表中选中板卡/研华/PCL724 后到下一步。

（3）单击图 2.8 中的"下一步"按钮，弹出如图 2.9 所示的"设备配置向导——逻辑名称"对话框，工程技术人员在此对话框内填上逻辑名称。

图 2.8 设备配置向导（二）　　　　图 2.9 设备配置向导——逻辑名称（二）

（4）单击图 2.9 中的"下一步"按钮，则弹出如图 2.10 所示的"设备配置向导——板卡地址"，设计者要为板卡设备指定设备地址、初始化字（初始化字以 port，dat，port，dat 等形式输入，其中 port 为芯片初始化地址偏移量，dat 为初始化字）和 AD 转换器的输入方式（单端或双端）。

（5）单击图 2.10 中的"下一步"按钮，则弹出如图 2.11 所示的"设置配置向导——信息总结"对话框，汇总板卡设置配置的全部信息。

图 2.10 设备配置向导——板卡地址　　图 2.11 设备安装向导——信息总结（二）

图 2.11 所显示的内容是板卡设备所有的信息，技术人员可以查看，单击"完成"按钮，则表明在"工程浏览器"下已经添加了板卡设备。

2.1.3 定义 OPC 设备

1. OPC 的概念和作用

OPC 是 OLE for Process Control 的缩写，即把 OLE 应用于工业控制领域，OLE 原意是对象连接和嵌入，随着 OLE2 的发行，其范围已远远超出了这个概念。现在的 OLE 包含了许多新的特征，如统一数据传输、结构化存储和自动化，它已经成为独立于计算机语言、操作系统甚至硬件平台的一种规范，是面向对象程序设计概念的进一步推广，OPC 建立在 OLE 规范之上，它为工业控制领域提供了一种标准的数据访问机制，OPC 的应用主要有如下几个方面：

（1）在线数据随测。实现了应用程序和工业控制设备之间高效、灵活的数据读写。

（2）报警和事件处理。提供了 OPC 服务器发生异常时，以及 OPC 服务器设定事件到来时向 OPC 客户发送通知的一种机制。

（3）历史数据访问。实现了读取、操作、编辑历史数据库的方法。

（4）远程数据访问。借助 Microsoft 的 DCOM 技术，OPC 实现了高性能的远程数据访问能力。

2. 定义 OPC 设备的操作步骤

（1）打开工程浏览器的目录区，用左键单击设备栏里的"OPC 服务器"，则在右侧内容显示区出现"新建 OPC"图标和当前工程"OPC"设备，如图 2.12 所示。

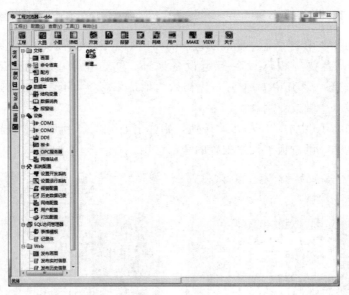

图 2.12　OPC 设备

（2）双击"新建"图标，组态王开始自动搜索当前的计算机系统中已经安装的所有 OPC 服务器，然后弹出"查看 OPC 服务器"对话框，如图 2.13 所示。

图 2.13 对话框中各项的作用如下：

"网络节点名"，OPC 服务器的计算机名称，默认为"本机"。如果要查找其他 OPC 服务器的名称，则在"OPC 路径"中输入节点的 UNC 路径，再点"查找"按钮，则在对话框的右边显示所有在此路径上的 OPC 服务器。"OPC 服务器信息"文本框中显示

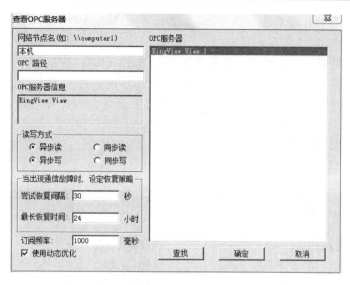

图 2.13 查看 OPC 服务器

"OPC 服务器"列表中选中的 OPC 服务器的相关说明信息。如选中"King-View. View. 1",则在信息中显示"KingView. View"。

"读写方式"是用来定义该 OPC 设备对应的 OPC 变量在进行读写数据时采用同步或异步方式。

"尝试恢复间隔"和"最长恢复时间"用来设置当组态王与 OPC 服务器之间的通信出现故障时,系统尝试恢复通信的策略参数。"使用动态优化"是组态王对通信过程采取动态管理的办法。"尝试恢复间隔""最长恢复时间"和"使用动态优化"的具体含义与 I/O 设备定义向导中的相同。

2.1.4 定义串口类设备及设置串口参数

1. 定义串口设备步骤

(1) 打开工程浏览器的目录区,用左键单击设备栏里的"COM1"或者"COM2",则在右侧内容显示区出现"新建…"栏目图标,如图 2.14 所示。

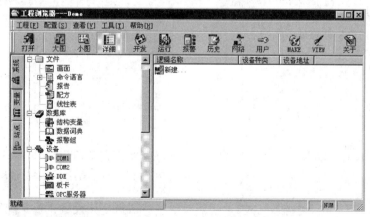

图 2.14 新建串口设备

在图 2.14 中鼠标左键双击"新建 …"图标或者单击右键出现菜单选中"新建逻辑设备",则显示如图 2.15 所示对话框。

技术人员在图 2.15 中的右侧设备显示区中选择 PLC、智能仪表、智能模块、板卡、变频器等节点中的一个,然后选择要配置串口设备的生产厂家、设备名称、通信方式;PLC、智能仪表、智能模块、变频器等设备通常与计算机的串口相连进行数据通信。

(2) 单击"下一步",弹出"设备配置向导——逻辑名称",技术人员给安装的设备设置一个逻辑名称,如图 2.16 所示。

图 2.15　设备配置向导（三）　　　　图 2.16　设备配置向导——逻辑名称（三）

(3) 单击图 2.16 的"下一步"按钮,弹出"设备配置向导——选择串口号"对话框,在此对话框内提供了 128 个串口号供技术人员选择,如图 2.17 所示。

(4) 单击"下一步"按钮,则弹出"设备配置向导——设备地址设置指南"对话框,在此对话框内技术人员输入为串口设备指定的实际设备地址,如图 2.18 所示。

 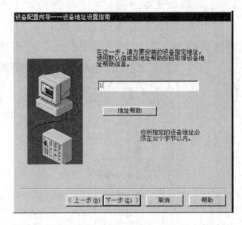

图 2.17　设备配置向导——选择串口号（一）　图 2.18　设备配置向导——设备地址设置指南（一）

(5) 单击"下一步"按钮,弹出"通信参数"对话框,该设置主要是配置一些关于设备在发生通信故障时,系统尝试恢复通信的策略参数,如图 2.19 所示。

图中各项编辑框的功能如下：

1）尝试恢复间隔。在组态王运行期间，如果有一台设备如 PLC1 发生故障，则组态王能够自动诊断并停止采集与该设备相关的数据，但会每隔一段时间尝试恢复与该设备的通信，如图 2.19 所示，尝试恢复时间间隔为 30 秒。

2）最长恢复时间。若组态王在一段时间之内一直不能恢复与 PLC1 的通信，则不再尝试恢复与 PLC1 的通信，这一时间就是指最长恢复时间。如果将此参数设为 0，则表示最长恢复时间参数设置无效，也就是说，系统对通信失败的设备将一直进行尝试恢复，不再有时间上的限制。

3）使用动态优化。组态王对全部通信过程采取动态管理的办法，只有在数据被上位机需要时才被采集，这部分变量称为活动变量。活动变量包括当前显示画面上正在使用的变量；历史数据库正在使用的变量；报警记录正在使用的变量；命令语言中（应用程序命令语言、事件命令语言、数据变化命令语言、热键命令语言、当前显示画面用的画面命令语言）正在使用的变量。

（6）单击图 2.19 中的"下一步"，弹出"设备安装向导——信息总结"对话框，该对话框的主要作用是能让技术人员对所设置的串口设备信息进行查看，如果有需要修改时，单击"上一步"即可返回进行修改，无需修改则单击"完成"按钮，表明串口设备在组态王工程浏览器中安装完成，如图 2.20 所示。

图 2.19　通信参数（一）

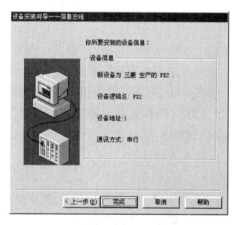
图 2.20　设备安装向导——信息总结（三）

2. 设置串口参数

不同的串口设备，其串口通信的参数是不一样的，如波特率、数据位、校验位等。所以在定义完串口设备之后，还需要对计算机通信时串口的参数进行设置。如定义设备时，选择了 COM1 口，则在工程浏览器的目录显示区，选择"设备"，双击"COM1"图标，弹出"设置串口——COM1"对话框，如图 2.21 所示。

在"通信参数"栏中，选择设备对应的波特率、数据位、校验类型、停止位等，这些参数的选择可以参考组态王的相关设备帮助或按照设备中通信参数的配置。"通信超时"为默认值，除非特殊说明，一般不需要修改。"通信方式"是指计算机一侧串口的通信方式，是 RS 232 或 RS 485，一般计算机一侧都为 RS 232，按实际情况选择相应的类型即可。

图 2.21　设置串口——COM1

3. 定义带网络模块的设备操作步骤

很多设备如 PLC 的通信模块是网络模块，支持 TCP/IP 协议，通过该模块与上位机进行数据交换。

2.2　模拟设备——仿真 PLC

组态王提供一个仿真 PLC 设备，用来模拟实际设备向程序提供数据，供操作人员调试，这样做可以使画面程序调试更加方便。PLC 设备都是通过计算机串口向组态王提供数据，仿真 PLC 同样可以模拟安装到计算机串口。仿真 PLC 的定义步骤如下。

（1）打开工程浏览器，单击左侧目录下的设备/COM1 或者 COM2，然后在右侧显示器，双击"新建"图标或者单击右键出现菜单后选中"新建逻辑设备"，显示如图 2.22 所示的"设备配置向导"。

在 I/O 设备列表显示区中，选中 PLC 设备，单击符号"＋"将该节点展开，再选中"亚控"，单击符号"＋"将该节点展开，选中"仿真 PLC"设备，再单击符号"＋"将该节点展开，选中"串行"。

（2）单击图 2.22 中的"下一步"，弹出"设备配置向导——逻辑名称"对话框，在编辑框中输入仿真 PLC 设备在组态王中的逻辑名称，如"simu"，如图 2.23 所示。

（3）单击图 2.23 中的"下一步"，弹出"设备配置向导——选择串口号"，如选择"COM2"，如图 2.24 所示。

（4）单击图 2.24 中"下一步"，弹出"设备配置向导——设备地址设置指南"，在编辑框里输入设备地址如"1"，如图 2.25 所示。

（5）单击图 2.25 中的"下一步"，弹出"通信参数"对话框，如图 2.26 所示。

（6）单击图 2.26 中的"下一步"，弹出"设备安装向导——信息总结"，如图 2.27 所示，单击"完成"则仿真 PLC 设备安装完成，如果单击"上一步"则可以返回修改。

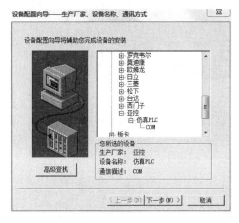

图 2.22　设备配置向导（四）

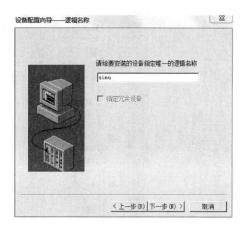

图 2.23　设备配置向导——逻辑名称（四）

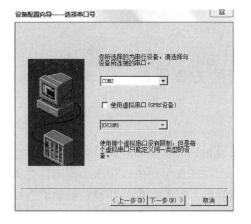

图 2.24　设备配置向导——选择串口号（二）　图2.25　设备配置向导——设备地址设置指南（二）

图 2.26　通信参数（二）

图 2.27　设备安装向导——信息总结（四）

仿真 PLC 设备安装完毕后，可在工程浏览器进行查看，选择大纲项设备下的成员名 COM2，则在右边的目录内容显示区可以显示已安装的设备，如图 2.28 所示。

图 2.28　定义的仿真 PLC 设备

2.3　带通信功能的 I/O 设备

2.3.1　组态王的通信机制

　　组态王把每一台与其通信的设备当作是外部设备，为实现和外部设备的通信，组态王内置有大量的设备驱动作为外部设备的通信接口。在开发过程中，根据工程浏览器提供的"设备配置向导"，一步步完成连接过程，即可实现组态王和相应外部设备驱动的连接。在运行期间，组态王可以通过驱动接口和外部设备交换数据，包括采集数据和发送数据或指令。组态王的驱动程序采用 ActiveX 技术，每一驱动都是一个 COM 对象，这种方式使驱动和组态王构成一个完整的系统，从而保证运行系统的高效率，如图 2.29 所示。因此，组态王可以与 I/O 设备直接进行通信，如上述提到的可编程控制器（PLC）、智能模块、

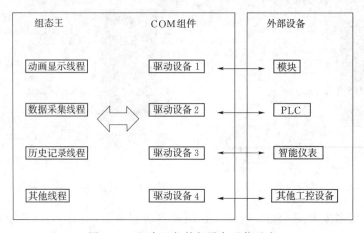

图 2.29　组态王与外部设备通信示意

板卡、智能仪表等。组态王与I/O设备之间的数据交换采用五种方式：串行通信方式、DDE方式、板卡方式、网络节点方式和人机接口卡方式。

2.3.2　通信方式设置

1. Modem 远程拨号

组态王6.55支持与远程设备间通过拨号方式进行通信。组态王的远程拨号与组态王原有驱动程序无缝连接，硬件设备端无需更改程序。利用远程拨号能实时显示现场设备运行状况，随时打印，报警和历史数据自动上传等功能。

（1）拨号方式设置步骤。

1）打开工程浏览器，单击设备，选择Modem所连接的串口标识，如"COM2"，双击"COM2"，弹出"设置串口"对话框，如图2.30所示。

图2.30内容说明如下：

通信参数：进行串口通信时，设置串口的通信波特率、检验方式、数据位、停止位、设备与计算机的通信方式等。该项设置用于任何一个串口通信的设备。

Modem：选择该项，则该串口为拨号访问设备方式。其中，主Modem AT控制字为设置与PC连接的Modem控制字。系统启动时，先将该控制字写入主Modem。从Modem AT控制字为设置与设备连接的Modem控制字。

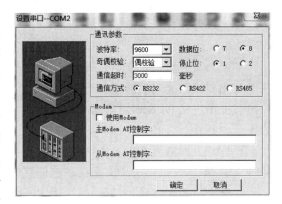

图2.30　设置串口——COM2

2）设置完成后，单击图2.30中的"确定"按钮，则在组态王设备列表中可以看到一个Modem设备，如图2.31所示。

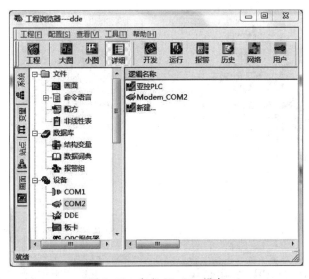

图2.31　定义Modem设备

（2）Modem 的变量和拨号使用方法以"亚控 PLC"为例。

定义数据采集设备"亚控 PLC"，设置连接的串口是 COM2，然后定义相关的 I/O 数据采集的变量，再定义"亚控 PLC"的"CommErr"寄存器变量（该寄存器表示设备通信状态，并可控制设备通信状态，如"PLCCerr"设置其初始值为"开"）。

系统启动后，操作人员输入电话号码（变量 IPN1），然后进行拨号，当拨号拨通时，即 IPS1（拨通状态寄存器）的值为 1 时，设置 Modem 的 CommErr 寄存器（变量 Cerrl）的值为 1，即暂停 Modem 设备。然后设置数据采集设备的 CommErr 寄存器（变量 PLCCerr）的值为 0，即恢复该设备，进行数据采集。当数据采集完成后，可以先暂停数据采集设备，然后恢复 Modem 设备的通信，最后挂断。

注意，Modem 拨号只适用于简单的标准 232 串口通信设备。

2. GPRS 远程通信

随着无线传输技术的发展，移动采用了 GPRS 无线数据传输技术，该技术传输速度快，费用低，组网灵活，越来越被操作人员所应用，目前 GPRS 已经被广泛应用到水利、电力、环保、工业控制等领域，开发出的 GPRS 服务程序支持 GPRS 数传终端（GPRS DTU）与串口设备之间的通信。

组态王中定义 GPRS DTU 设备步骤，以莫迪康 PLC（MODBUS RTU 协议）为例说明如下。

（1）打开工程浏览器，选择"设备"，在右侧显示区里双击"新建"，弹出"设备配置向导"，选择串口设备，定义实际设备（即莫迪康 PLC），如图 2.32 所示。

（2）单击图 2.32 中的"下一步"按钮，弹出"设备配置向导——逻辑名称"，输入莫迪康 PLC 的逻辑名称，如图 2.33 所示。

图 2.32　设备配置向导（五）

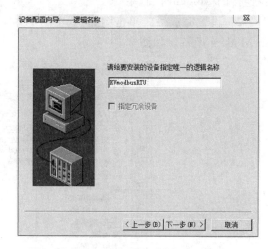

图 2.33　设备配置向导——逻辑名称（五）

（3）单击图 2.33 中的"下一步"按钮，为莫迪康 PLC 选择一个虚拟串口，弹出"设备配置向导——选择串口号"，如图 2.34 所示，选择虚拟串口（GPRS 设备），选择该项，表示组态王通过 GPRS 和串口设备通信。如果不选用此选项表示组态王直接和设备通信。

（4）单击图 2.34 中的"下一步"按钮，弹出"设备配置向导——配置虚拟设备信息"，如图 2.35 所示，在虚拟串口上定义 GPRS 设备。

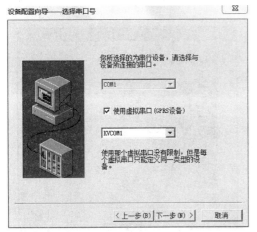
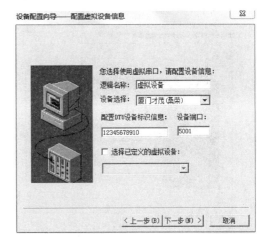

图 2.34 设备配置向导——选择串口号（三）　　图 2.35 设备配置向导——配置虚拟设备信息

图 2.35 中，"逻辑名称"由操作人员定义虚拟串口设备的名称；"设备选择"就在图中下拉式菜单里选择组态王支持的 GPRS 设备；"配置 DTU 设备标识信息和设备端口"这两个参数要和 GPRS 硬件中的相应设置一致，组态王通过此信息来找相应的 GPRS 设备（表 2.1）。

表 2.1　　　　　　　　　　DTU 设备标识信息和设备端口号的定义格式

GPRS DTU 设备	组态王上定义的 DTU 设备标识信息对应硬件设备的相应设置	设备端口
桑荣	AT+PHON 指令中的输入的 11 位数字	5001
艺能	HOST 指令中输入的 10 位数字	5002
汉智通	IDNB 指令中输入的 10 位数字	5003
蓝迪	SIM 卡本身的号码	5004
尉普	设备代号	5005
爱立信	ModemID；MC8000 的 IP 地址	5006
宏电	DTU Identify Number	5007
倚天	设备端口号：5008	5008
北京欧特姆	终端的识别号码	5009
实达	DTU Identify Number	5010
蓝峰	设备端口号	5012
利事达	设备服务器的端口号	5013

（5）单击图2.35中的"下一步"按钮，弹出"设备配置向导——设备地址设置指南"，定义设备地址，输入GPRS下接的实际设备的地址，如图2.36所示。

（6）单击图2.36中的"下一步"按钮，弹出"通信参数"，如图2.37所示。

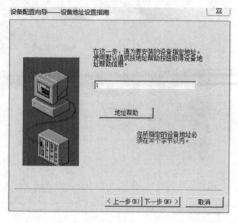

图2.36 设备配置向导——设备地址设置指南（三）

图2.37 通信参数（三）

（7）单击图2.37中的"下一步"按钮，弹出"设备安装向导——信息总结"，如图2.38所示。

GPRS设备定义完成，系统会生成两种设备的图标，为虚拟串口设备（即GPRS DTU设备）和GPRS DTU设备下挂的实际设备在工程浏览器的设备下，如图2.39所示。

图2.38 设备安装向导——信息总结（五）

图2.39 定义的虚拟串口设备和实际设备

2.4 项 目 实 例

定义前面化学反应车间监控中心的外部I/O设备。

（1）单击组态王 6.55 工程浏览器左侧的 COM1，然后双击右面的"新建"，弹出"设备配置向导"，如图 2.40 所示。

（2）选择亚控、仿真 PLC、串行后，单击"下一步"，弹出如图 2.41 所示对话框。

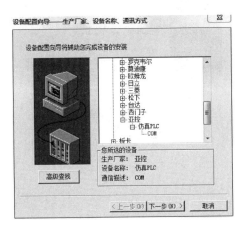

图 2.40 设备配置向导（六）　　　图 2.41 设备配置向导——逻辑名称（六）

（3）在安装的设备上填上逻辑名称"仿真 PLC"，单击"下一步"，弹出如图 2.42 所示对话框。

（4）填上串口号 COM1，单击"下一步"，弹出如图 2.43 所示对话框。

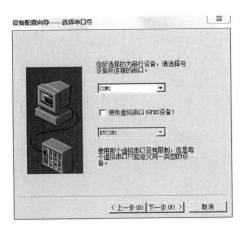
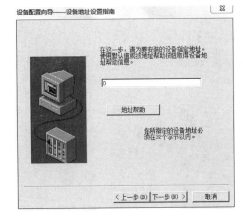

图 2.42 设备配置向导——选择　　　图 2.43 设备配置向导——设备地址
　　　　串口号（四）　　　　　　　　　　设置指南（四）

（5）填上设备地址 0，单击"下一步"，弹出如图 2.44 所示对话框。

（6）"通信参数"对话框内的数据是默认数据，无需更改。单击"下一步"，弹出如图 2.45 所示对话框。

（7）检查各项内容准确无误后，单击"完成"按钮，外部设备定义就基本结束。

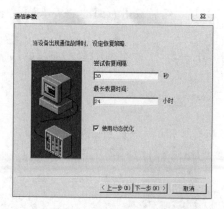

图 2.44　通信参数（四）

图 2.45　设备安装向导——信息总结（六）

变 量 的 定 义 与 管 理

3.1 变 量 的 类 型 及 定 义

组态王 6.55 的核心部分是数据库，数据库是联系上位机和下位机的纽带，所有现场声场的实时动画画面和技术人员发布的指令均需要以实时数据库为中间环节。数据库中存放的变量是当前值，包含系统变量和操作人员定义的变量。

变量的基本类型共有两类：I/O 变量、内存变量。

（1）I/O 变量指可与外部数据采集程序直接进行数据交换的变量，如下位机数据采集设备（PLC、仪表等）或其他应用程序（如 DDE、OPC 服务器等）。这种数据交换是双向的、动态的，就是说在组态王系统运行过程中，每当 I/O 变量的值改变时该值就会自动写入下位机或其他应用程序，每当下位机或应用程序中的值改变时，组态王系统中的变量值也会自动更新。所以，那些从下位机采集来的数据、发送给下位机的指令，比如"反应罐液位""电源开关"等变量，都需要设置成"I/O 变量"。

（2）内存变量指那些不需要和其他应用程序交换数据，也不需要从下位机得到数据，只在组态王内需要的变量，比如计算过程的中间变量，就可以设置成"内存变量"。

3.1.1 变量的数据类型

（1）实型变量。类似一般程序设计语言中的浮点型变量，用于表示浮点（float）型数据，取值方位 10E−38～10E+38，有效值 7 位。

（2）离散变量。类似一般程序设计语言中的布尔（BOOL）变量，只有 0、1 两种取值，用于表示一些开关量。

（3）字符串型变量。类似一般程序设计语言中的字符串变量，可用于记录一些有特定含义的字符串，如名称、密码等，该类型变量可以进行比较运算和赋值运算。字符串长度最大值为 128 个字符。

（4）整数变量。类似一般程序设计语言中的带符号整型变量，用于表示带符号的整形数据，取值方位−2147483648～2147483647。

（5）结构变量。当组态王工程中定义了结构变量时，在变量类型的下拉列表框中会自动列出已定义的结构变量，一个结构变量作为一种变量类型，结构变量下可包含多个成员，每一个成员就是一个基本变量，成员类型可以为内存离散、内存整形、内存实型、内存字符串、I/O 离散、I/O 整形、I/O 实型、I/O 字符串。

3.1.2 特殊变量类型

此类变量在变量的集合中是找不到的，是组态王内部定义的特殊变量。工程技术人员可用命令语言编制程序来设置或改变一些特性。

（1）报警窗口变量是在制作画面时通过定义报警窗口生成的，在报警窗口定义对话框中有一选项为"报警窗口名"，设计者在此处键入的内容即为报警窗口变量。

（2）历史趋势曲线变量是在制作画面时通过定义历史趋势曲线生成的，在历史趋势曲线定义对话框中有一选项为"历史趋势曲线名"，设计者在此处键入的内容即为历史趋势曲线变量（区分大小写）。

3.1.3 系统预设变量

预设变量中有 8 个时间变量是系统已经在数据库中定义的，操作人员可以直接使用。

（1）年。返回系统当前日期的年份。

（2）月。返回 1～12 的整数，表示当前日期的月。

（3）日。返回 1～31 的整数，表示当前日期的日。

（4）时。返回 0～23 的整数，表示当前时间的时。

（5）分。返回 0～59 的整数，表示当前时间的分。

（6）秒。返回 0～59 的整数，表示当前时间的秒。

（7）日期。返回系统当前日期字符串。

（8）时间。返回系统当前时间字符串。

以上变量由系统自动更新，设计者只能读取时间变量，而不能改变它们的值。

预设变量还有以下几项：

（1）用户名。在程序运行时记录当前登录的操作人员的名字。

（2）访问权限。在程序运行时记录当前登录的操作人员的访问权限。

（3）启动历史记录。表明历史记录是否启动（1＝启动；0＝未启动）。

（4）启动报警记录。表明报警记录是否启动（1＝启动；0＝未启动）。

（5）新报警。每当报警发生时，"＄新报警"被系统自动设置为 1，由设计者负责把该值恢复到 0。

（6）启动后台命令。表明后台命令是否启动（1＝启动；0＝未启动）。

（7）双机热备状态。表明双机热备中主从计算机所处的状态。整形（1＝主机工作正常；2＝主机工作不正常；－1＝从机工作正常；－2＝从机工作不正常；0＝无双机热备）主从机初始工作状态是由组态王中的网络配置决定的。该变量的值只能由主机进行修改，从机只能进行监视，不能修改该变量的值。

3.1.4 变量和变量属性定义

打开工程浏览器，单击左边目录树中的"数据词典"，在右侧会显示当前工程所定义的变量，双击"新建"图标，弹出定义变量对话框，由变量属性、报警配置、记录配置三个属性页组成。采用这种卡片式管理方式，操作人员只要用鼠标单击卡片顶部的属性标签，则该属性卡片有效，操作人员可以定义相应的属性。"变量属性"对话框如图 3.1 所示。

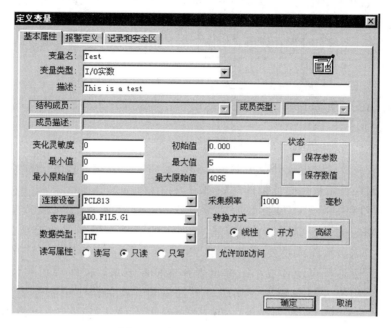

图 3.1 变量基本属性对话框

单击"确定"按钮，则设计者定义的变量有效时保存新建的变量名到数据库的数据词典中。若变量名不合法，会弹出提示对话框提醒设计者修改变量名。单击"取消"按钮，则设计者定义的变量无效，并返回"数据词库"界面。变量属性各项意义的解释如下：

（1）变量名。唯一标示一个应用程序中数据变量的名字，同一应用程序中的数据变量不能重名，数据变量名区分大小写，最长不能超过 31 个字符。用鼠标单击编辑框的任何位置进入编辑状态，设计者此时可以输入变量名字，变量名可以是汉字或英文名字，第一个字符不能是数字。例如，温度、压力、液位、Test 等均可以作为变量名。

（2）变量类型。在对话框中只能定义八种基本类型中的一种，用鼠标单击变量类型下拉列表框出可供选择的数据类型。当定义有结构模板时，一个结构模板就是一种变量类型。

（3）描述。用于输入对变量的描述信息。例如若想在报警窗口中显示某变量的描述信息，可在定义变量时，在描述编辑框中加入适当说明，并在报警窗口中加上描述项，则在运行系统的报警窗口中可见该变量的描述信息（最长不超 39 个字符）。

（4）变化灵敏度。数据类型为模拟量或整形时此项有效。只有当该数据变量的值变化幅度超过"变化灵敏度"时，组态王才更新与它相连接的画面显示（缺省为 0）。

（5）最小值。最小值指该变量值在数据库中的下限。

（6）最大值。最大值指该变量值在数据库中的上限。

（7）最小原始值。变量为 I/O 模拟变量时，驱动程序中输入原始模拟值的下限。

（8）最大原始值。变量为 I/O 模拟变量时，驱动程序中输入原始模拟值的上限。

（9）保存参数。在系统运行时，如果变量的域（可读可写型）值发生了变化，组态王运行系统退出时，系统自动保存该值。组态王运行系统再次启动后，变量的初始域值为上次系统运行退出时保存的值。

（10）保存数值。系统运行时，如果变量的值发生了变化，组态王运行系统退出时，系统自动保存该值。组态王运行系统再次启动后，变量的初始值为上次系统运行退出时保存的值。

（11）初始值。这项内容与所定义的变量类型有关，定义模拟量时出现编辑框可输入一个数值，定义离散量时出现开或关两种选择。定义字符串变量时出现编辑框可输入字符串，它们规定软件开始运行时变量的初始值。

（12）连接设备。只对 I/O 类型的变量起作用，设计者只需从下拉式"连接设备"列表框中选择相应的设备即可。此列表框所列出的连接设备名是组态王设备管理中已安装的逻辑设备名。操作人员要想使用自己的 I/O 设备，首先单击"连接设备"按钮，则"变量属性"对话框自动变成小图标出现在屏幕左下角，同时弹出"设备配置向导"对话框，设计者根据安装向导完成相应设备的安装，当关闭"设备配置向导"对话框时，"变量属性"对话框又自动弹出；设计者也可以直接从设备管理中定义自己的逻辑设备名。

（13）寄存器。制订与定义的变量进行连接通信的寄存器变量名，该寄存器与设计者指定的连接设备有关。

（14）转换方式。规定 I/O 模拟量输入原始值到数据库使用的转换方式、开方转换、非线性转换、累计转换等方式。

（15）数据类型。只对 I/O 类型的变量起作用，定义变量对应的寄存器的数据类型，共有九种数据类型供操作人员使用，这九种数据类型分别如下：

1）BIT1 位：范围是 0 或 1。

2）BYTE8 位，1 个字节：范围是 0～255。

3）SHORT2 个字节：范围是 -32768～32767。

4）USHORT16 位，2 个字节：范围是 0～65535。

5）BCD16 位，2 个字节：范围是 0～9999。

6）LONG32 位，4 个字节：范围是 -2147483648～2147483647。

7）LONGBCD32 位，4 个字节：范围是 0～4294967295。

8）FLOAT32 位，4 个字节：范围是 10e-38～10e38，有效位 7 位。

9）STRING128 个字符长度。

（16）采集频率。用于定义数据变量的采样频率。与组态王的基准频率设置有关。

（17）读写属性。定义数据变量的读写属性，设计者可根据需要定义变量为"只读"属性、"只写"属性、"读写"属性。

（18）允许 DDE 访问。组态王内置的驱动程序与外围设备进行数据交换，为了方便设计者用其他程序对该变量进行访问，可通过选中"允许 DDE 访问"，这样组态王就作为 DDE 服务器，可与 DDE 客户程序进行数据交换。

3.2 结构变量与变量域

3.2.1 结构变量的由来

在工程实际应用中，往往会有一个被控制对象有很多的参数变量，并且这样的被控制对象有很多，每个对象的参数也基本相同，如一个压力容器，可能有压力、液位控制和报警、温度、流量等参数，这样的压力容器在实际工程中会有许多，如果操作人员对每一个对象的每一个参数都在组态王中定义一个变量，有可能会造成使用时查找变量不方便，定义变量所耗费的时间很长，而且大多数定义的都是有重复属性的变量。如果将这些参数作为一个对象变量的属性，在使用时直接定义对象变量，就会减少大量的工作，提高效率。为此，组态王引入了结构变量的概念。

3.2.2 结构变量概念

为方便操作人员快速、成批定义变量，组态王支持结构数据类型，使用结构数据类型定义结构变量。结构变量是指利用定义的结构模板在组态王中定义变量，该结构模板包含若干个成员，当定义的变量的类型为该结构模板类型时，该模板下所有的成员都成为组态王的基本变量。一个结构模板下最多可以定义 64 个成员。结构变量中结构模板允许两层嵌套，即在定义了多个结构模板后，在这个结构模板的成员数据类型中可嵌套其他结构模板数据类型。

3.2.3 结构变量使用前的准备

在使用结构变量前，需要先定义结构模板和结构成员及属性。

（1）打开组态王 6.55 软件的工程浏览器，选择数据库下的结构变量，如图 3.2 所示。

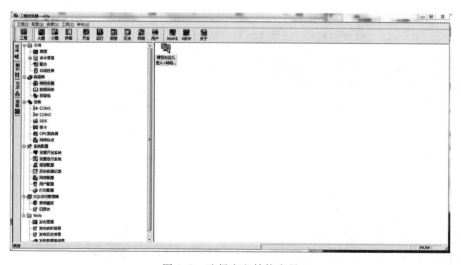

图 3.2 选择定义结构变量

（2）双击右侧的提示图标，进入结构变量定义对话框，如图 3.3 所示。

在对话框上有"新建结构""增加成员""编辑""删除"四个功能按钮，下面以储料

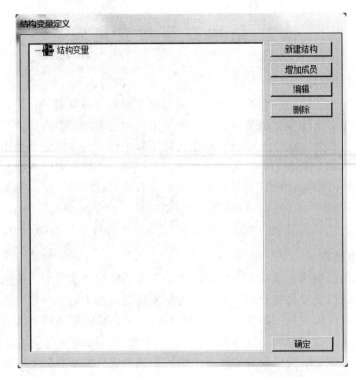

图 3.3　结构变量定义

罐的压力、温度、物位、上限报警和下限报警作为例子来定义结构变量。

1）新建结构。单击"新建结构"按钮，弹出对话框如图 3.4 所示。

在对话框内输入"储料罐"，单击确定后关闭对话框，随机会弹出一个新增加的结构，如图 3.5 所示。

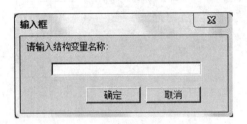

图 3.4　结构变量名称输入框

图 3.5　新增加的结构

以此类推可以建立多个结构。

2）增加成员。单击"增加成员"按钮，弹出新建结构成员对话框，如图 3.6 所示。该对话框与组态王基本变量定义属性对话框相同，工程技术人员在这里可以直接定义结构成员的各种属性，如基本数值属性、I/O 属性、报警属性、记录属性等。

3）编辑。使用"编辑"按钮可以编辑结构模板和结构模板成员。

编辑结构模板：选中一个结构模板，单击"编辑"按钮，可以编辑其成员名、成员类型。

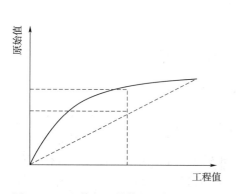

图 3.6　新建结构成员对话框

3.3　I/O 变量的转换方式

组态王 6.55 为操作人员提供了线性、开方、非线性、累计等多种转换方式，这样在 I/O 变量、I/O 模拟变量的实际使用过程中，可以根据输入要求的不同而采取不同方式进行转换。下面就介绍不同的 I/O 转换方式。

3.3.1　线性转换方式

线性转换方式是用原始值和数据库使用值的线性插值进行转换。如图 3.7 所示，线性转换是将设备中的值与工程值按照固定的比例系数进行转换。如图 3.8 所示，在变量基本属性定义对话框的"最大值""最小值"编辑框中输入变量工程值的范围，在"最大原始值""最小原始值"编辑框中输入设备转换后的数字量值的范围，则系统运行时，按照指

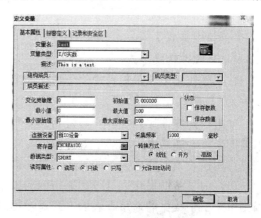

图 3.7　工程值与原始值的比例系数关系

图 3.8　定义线性转换

定的量程范围进行转换，得到当前实际的工程值。线性转换方式是最直接也是最简单的一种 I/O 转换方式。

【实例 3.1】　与 PLC 电阻器连接的流量传感器在空流时产生 0 值，在满流时产生 9999 值。如果输入如下的数值：

最小原始值＝0

最小值＝0

最大原始值＝9999

最大值＝100

其转换比例 (100－0)/(9999－0) ＝0.01

则如果原始值为 5000 时，内部使用的值为 5000×0.01＝50

3.3.2　开方转换方式

就是用原始值的平方根进行转换，也就是说转换时将采集到的数据进行开方运算，得到的值是实际工程值，该值的范围在变量基本属性定义的"最大值""最小值"范围内，如图 3.9 所示。

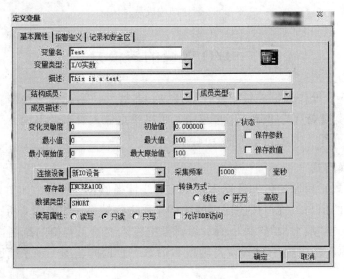

图 3.9　定义开方转换

3.3.3　非线性转换方式

在实际应用中，采集到的信号往往与工程值不成线性比例关系，而是一个非线性的曲线关系。

如果按照线性比例计算，则得到的工程值误差将会很大，如图 3.10 所示。对一些模拟量的采集，如热电阻、热电偶等的信号为非线性信号，如果采用一般的分段线性化的方法进行转换，不但要做大量的程序运算，而且还会存在很大的误差，达不到要求。

(1) 为了帮助操作人员得到更精确的数据，组态王中提供了非线性表。操作人员可以根据组态王中提供的通用查表的方式对数据进行非线性转换。操作人员可以输入数据转换标准表。组态王将采集到的数据的设备原始值和变量原始值进行了线性对应后，通过查表得到工程值，在组态王运行系统中显示工程值或利用工程值建立动画连接。非线性表是操作人员先定义好的原始值和工程值一一对应的表格，当转换后的原始值在非线性表中找不到对应的项时，将按照指定的公式进行计算，公式将在后面介绍。非线性查表转换的定义分为两个步骤：

1）将变量按照变量定义画面中的最大值、最小值、最大原始值和最小原始值进行线性转换即将从设备采集到的原始数据经过与组态王的初步转换。

2）将上述转换的结果按照非线性表进行查表转换，得到变量的工程值，用于在运行时显示、存储数据，进行动画连接等。关于非线性查表转换方式的具体使用如下：

a. 建立非线性表。打开工程浏览器的目录显示区，选中大纲项"文件"下的成员"非线性表"双击"新建"图标，弹出"分段线性化定义"对话框，如图 3.11 所示。

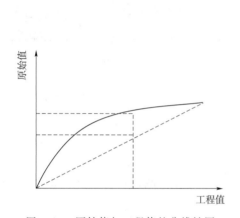

图 3.10 原始值与工程值的非线性图

图 3.11 分段线性化定义

该表格里有三列，第一列为序号，增加点会自动生成。第二列是原始值，该值是指从设备采集到的原始数据经过与组态王变量定义界面上的最小值、最大值、最小原始值、最大原始值转换后的值。第三列为该原始值对应的工程值。

表格中的"非线性表名称"，在此编辑框内输入非线性表名称，非线性表名称唯一，表名可以为数字或字符。

表格中的"增加点"按钮，是用来增加原始值与工程值对应的关系点数。单击该按钮后，在"分段线性化定义"显示框中将增加一行，序号自动增加，值为空白或上一行的值。操作人员根据数据对应关系，在表格框中写入值，即对应关系。例如，对于非线性表"线性转换表"，操作人员建立 10 组对应关系，如图 3.12 所示。

表格中的"删除点"按钮可以用来删除表格中不需要的线性对应关系。选中表格需要删除行中的任意一格，单击该按钮就可删除。

b. 对变量进行线性转换定义。打开工程浏览器后在数据词典中选择需要查表转换的I/O 变量，双击该变量名称后，弹出"变量属性"对话框。在"变量定义"界面上，单击"转换方式"下的"高级"按钮，弹出"数据转换"对话框，如图 3.13 所示。默认选项为

"无"。当操作人员需要对采集的数据进行线性转换时，请选中"查表"项。其右边的下拉
列表框和"＋"按钮变为有效。

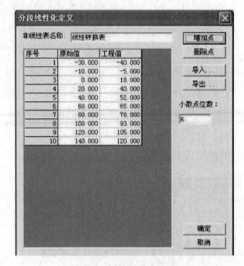

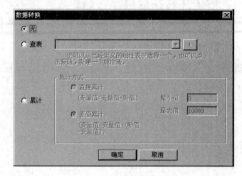

图 3.12　定义非线性表　　　　　　　　　图 3.13　数据转换

单击下拉列表框右边的箭头，系统会自动列出已经建好的所有非线性表，从中选取
即可。

如果还未建立合适的非线性表，可以单击"＋"按钮，弹出"分段线性化定义"对话
框，如图 3.11 所示，操作人员根据需要建立非线性表，使用方法见（1）。

运行时，变量的显示和建立动画连接都将是查表转换后的工程值。查非线性表的计算
公式为

$$\frac{(后工程值 - 前工程值)(当前原始值 - 前原始值)}{后原始值 - 前原始值} + 前工程值$$

式中　当前原始值——当前变量的变量原始值；

后工程值——当前原始值在表格中原始值项所处的位置的后一项数值对应关系中
的工程值；

前工程值——当前原始值在表格中原始值项所处的位置的前一项数值对应关系中
的工程值；

后原始值——当前原始值在表格中原始值项所处的位置的后一原始值；

前原始值——当前原始值在表格中原始值项所处的位置的前一原始值。

【实例 3.2】　在建立的非线性列表中，数据对应关系见表 3.1。

表 3.1　　　　　　　　　　　　　数　据　对　应　表

序号	原始值	工程值
1	4	8
2	6	14

那么当原始值为 5 时，其工程值的计算如下。

$$工程值＝[(14-8)(5-4)/(6-4)]+8$$

在画面中显示的该变量值为 11。

（2）非线性表的导入和导出。组态王为操作人员提供了非线性表的导入、导出功能，主要是因为当非线性表比较庞大，分段比较多时，在组态王中直接进行定义就显得很困难，此时可以提供帮助。导入、导出功能可以将非线性表导出为 .csv 格式的文件；也可以将操作人员编辑的符合格式要求的 .csv 格式文件导入到当前的非线性表中来。这样方便了操作人员的操作。

打开已经定义的非线性表，单击"导出"按钮，弹出"保存为"对话框，选择保存路径及保存名称，单击"保存"按钮，可以将非线性表的内容保存到文件中。

导出的文件内容如图 3.14 所示。

对于非线性表的导入有两个途径，从其他工程导入和从 .csv 格式的文件导入，如图 3.15 所示，单击"分段线性化定义"对话框上的"导入"按钮，弹出"导入非线性表"对话框，该对话框分为两个部分，上部分为当前工程管理器中的工程列表，选择非线性表所在的工程，在"非线性表"的列表框中会列出该工程含有的非线性表名称。选择所需的表名称，单击"导入"按钮，可以将非线性表导入到当前工程。

图 3.14　导出的非线性表内容　　　　图 3.15　导入非线性表

3.3.4　累计转换方式

累计是在工程中经常用到的一种工作方式，经常用在流量、电量等计算方面。组态王的变量可以定义为自动进行数据的累计。组态王提供两种累计算法，直接累计和差值累计。累计计算时间与变量采集频率相同，对于两种累计方式均需定义累计后的最大最小值范围，如图 3.16 所示。

当累计后变量的数值超过最大值时，变量的数值将恢复为该对话框中定义的最小值。

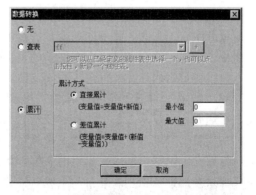

图 3.16　数据转换的累计功能定义对话框

直接累计从设备采集的数值，经过线性转换后直接与该变量的原数值相加。计算公式如下：

$$变量值＝变量值＋采集的数值$$

【**实例 3.3**】 管道流量 S 计算，采集频率为 1000 毫秒，5 秒之内采集的数据经过线性转换后工程值依次为 $S1＝100$、$S2＝200$、$S3＝100$、$S4＝50$、$S5＝200$，那么 5 秒内直接累计流量结果为 $S＝S1＋S2＋S3＋S4＋S5$，即为 650。

差值累计：变量在每次进行累计时，将变量实际采集到的数值与上次采集的数值求差值，对其差值进行累计计算。当本次采集的数值小于上次数值时，即差值为负时，将通过变量定义画面中的最大值和最小值进行转化。差值累计计算公式如下：

$$显示值＝显示旧值＋（采集新值－采集旧值） \tag{3.1}$$

当变量新值小于变量旧值时，公式如下：

$$显示值＝显示旧值＋（采集新值－采集旧值）＋（变量最大值－变量最小值） \tag{3.2}$$

变量最大值是在变量属性定义画面最大最小值中定义的变量最大值。

【**实例 3.4**】 要求如上例，变量定义画面中定义的变量初始值为 0，最大值为 300。那么 5 秒之内的差值累计流量计算如下：

第 1 次：$S(1)＝S(0)＋(100-0)＝100$ ［采用公式(3.1)］

第 2 次：$S(2)＝S(1)＋(200-100)＝200$ ［采用公式(3.1)］

第 3 次：$S(3)＝S(2)＋(100-200)＋(300-0)＝400$ ［采用公式(3.2)］

第 4 次：$S(4)＝S(3)＋(50-100)＋(300-0)＝650$ ［采用公式(3.2)］

第 5 次：$S(5)＝S(4)＋(200-50)＝800$ ［采用公式(3.1)］

即 5 秒之内的差值累计流量为 800。

3.4 变量管理工具

为了能够对变量进行有效的管理和使用，组态王提供了许多有效的管理工具，如变量组，数据词典导入和导出，变量的使用情况、更新、删除变量等，下面就介绍这些管理器。

3.4.1 变量组

一般工程中有着大量的变量，会给开发者查找变量带来一定的困难，所以组态王开发了变量分组管理方式，将不同的变量进行编组，这样在寻找和修改变量时可以到相应的变量组中去寻找，这样做既不影响变量的整体使用，还可以缩短查找范围和时间。

(1) 变量组的建立。打开工程浏览器，在其窗口上有四个标签，"系统""变量""站点"和"画面"。单击"变量"标签，在窗口左侧会出现"变量组"，单击"变量组"，在窗口右侧会出现显示工程中的所有变量，如图 3.17 所示。

在变量组目录上右键单击"变量组"，会弹出快捷菜单，选择"建立变量组"。

然后在编辑框内输入变量组的名称，如图 3.18 所示。

如果按照默认项，系统自动生成名称并添加序号。变量组定义的名称是唯一的，而且要符合组态王变量命名规则，如图 3.19 所示。

变量组建立完成后，可以在变量组下面建立新变量，新变量可以在变量词典中看到，同时也可以在该变量组下面建立子变量组，如图 3.20 所示。

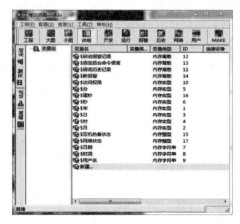

图 3.17　变量组　　　　　　　　　　　　图 3.18　变量组命名

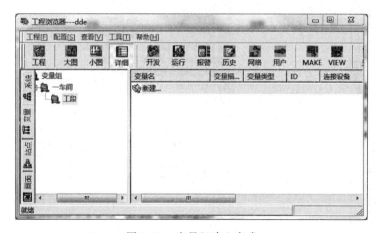

图 3.19　变量组建立完成

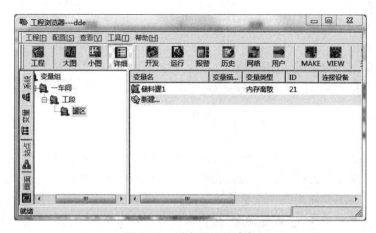

图 3.20　子变量组的建立

如果需要改变变量组名称，可以选择新建变量组，单击右键，弹出快捷菜单，选择"编辑变量组"就可以了。

（2）变量组中增加变量组完成后，就可以在变量组中新增变量，在工程浏览器的右侧双击"新建"图标，这样可以直接新建变量。另外也可以从已定义的变量，包括其他变量组中移动到新建的变量组中。

如何从其他变量组中移动变量到新建变量组中，如图 3.21 所示。在某个变量组中选择要移动的变量，单击鼠标右键，弹出快捷菜单，选择"移动变量"，然后选择新建变量组，单击鼠标右键，弹出快捷菜单，选择"放入变量组"，这样被选择的变量就可以移到新建的变量组了。

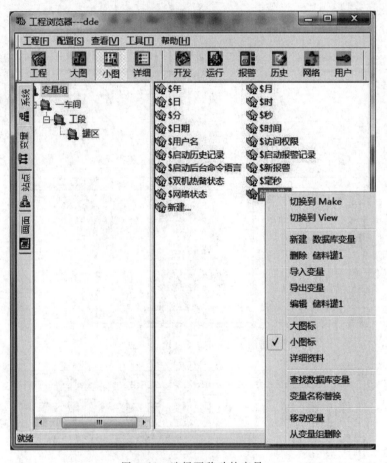

图 3.21 选择要移动的变量

在变量分组完成后，使用时，只需在变量浏览器中选择相应的变量组目录即可。变量的引用不受变量组的影响，所以变量可以被放置到任何一个变量组下。

（3）变量组中变量的排序、删除以及变量组的删除在变量组内的变量可以按不同方式进行排序显示，除不能使用按"变量描述"进行排序显示以外，可以按"变量名称""变量类型""ID""连接设备""寄存器""报警组"进行排序显示。

如果不需要在变量组中保留某个变量时，可以选择从变量组中删除该变量，也可以选择将该变量移动到其他变量组中。从变量组中删除的变量将不属于任何一个变量组，但变量仍然存在于数据词典中。

进入该变量组目录，选中该变量，单击鼠标右键，在弹出的快捷菜单中选择"从变量组删除"，则该变量将从当前变量组中消失。如果选择"移动变量"，可以将该变量移动到其他变量组。

当不再需要变量组时，可以将其删除，删除变量组前，首先要保证变量组下没有任何变量存在，另外也要先将子变量组删除。

在要删除的变量组上单击鼠标右键，然后在快捷菜单上选择"删除变量组"，系统提示删除，确认信息，如果确认，当前变量组将被永久删除。

3.4.2 数据词典导入和导出

Excel 是操作人员常用的文件格式，在 Excel 文件里，操作人员能比较熟练方便地修改、查看想要的文件，所以组态王提供了数据词典的导出导入功能，组态王的变量可以被导出到 Excel 文件中，操作人员可以方便地使用、查看、定义或打印组态王的变量，并可以在 Excel 文件中修改、查看变量的属性，也可以直接在该文件中新建变量并定义其属性，然后导入到工程中。

（1）数据词典导出到 Excel 操作方式。打开工程管理器，关闭组态王开发和运行系统，在工程管理器工程列表中选择要导出数据词典的工程，单击工程管理器工具条上的"DB 导出"按钮，或选择菜单"工具数据词典导出"命令，执行该命令后，系统弹出文件选择对话框，如图 3.22 所示。

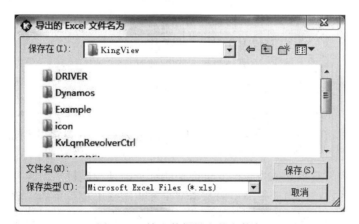

图 3.22 输入数据导出的文件名

选择保存导出的数据词典文件的路径，并输入保存的文件名称，单击"保存按钮"，工程管理器的状态栏上会出现当前进程的提示和进度条显示。

数据词典的导出规则如下：

数据词典导出后的 Excel 文件共有四页：说明页、模板页、结构变量页和基本变量页。

说明页：说明页为数据词典导入、导出的使用说明。操作人员在导入、导出数据词典时，应参照该说明进行，该页的内容不可修改。

模板页：模板页为工程中定义的所有结构模板的信息，其具体格式举例如下。

〔模板〕	模板ID	模板名称	模板使用计数	注释
	1	离散结构	1	

〔成员〕	成员ID	成员名称	成员类型
	1	离散成员1	离散型
	2	离散成员2	离散型 ……

	模板ID	模板名称	模板使用计数	注释
	2	整型结构	1	

〔成员〕	成员ID	成员名称	成员类型
	1	整型成员1	整型
	2	整型成员2	整型 ……

模板：模板ID为在结构模板中定义的模板的序号；模板名称为结构模板中定义的模板的名称；模板计数为在定义结构变量时应用该模板的次数。

成员：成员ID是在结构模板中定义的成员的序号；成员名称为结构模板中定义的该结构成员的名称；成员类型为结构模板中定义的该结构成员的数据类型。

结构变量页：结构变量页为操作人员定义的结构变量的信息。如操作人员定义了一个结构变量名称为离散结构量，则该页中的信息如下。

〔结构变量〕	变量ID	变量名称	变量类型	变量使用计数	注释
	1	离散结构变量	离散结构	0	

〔成员〕	成员名称	成员基本变量1D	
	离散结构变量1，离散成员41		离散结构变量1
	离散结构变量2，离散成员42		离散结构变量2
	离散结构变量3，离散成员43		离散结构变量3

变量ID：该结构变量在定义的结构变量列表中的序号。

变量名称：结构变量的名称，即定义基本变量为结构变量类型时基本变量的变量名称。

变量类型：定义基本变量为结构变量类型时选择的结构模板类型。

变量使用计数：该结构变量类型的基本变量在组态王中被引用的次数。

成员名称：该结构变量类型的基本变量的每个成员在组态王中的名称。

成员基本变量ID：该结构变量类型的基本变量的每个成员在基本变量中的ID号。

注释：对于该结构变量的注释和基本变量的每个成员的注释。

基本变量页：将组态王的基本变量按照变量类型的不同分别列出。导出的每个变量的内容为变量名称、ID号；变量是否记录数据、是否记录参数等选项的情况；变量各个域的值及其描述文本等。

（2）Excel导入到数据词典操作方式。操作人员在Excel中将定义好的数据或者由组态王工程导出的数据词典导入到组态王工程中称为数据词典的导入。进行数据词典的导入方式如下。

打开工程管理器，关闭组态王开发系统和运行系统，在工程列表中选中所需导入数据词典的工程，单击工程管理器工具条上的"DB导入"按钮或者在工具菜单里选择"导入数据词典"出现如图3.23所示对话框，首先提示是否在导入数据词典前先将工程备份，以备导入错误后能恢复原工程。

图 3.23 导入数据词典信息对话框

单击"是"则将所选工程进行备份，选"取消"则是取消数据词典导入，选"否"则所选工程不备份，直接进入数据词典导入，会弹出如图3.24所示对话框，提示选择要导入的 Excel 文件。

图 3.24 选择要导入的 Excel 文件

数据词典既可以导入到原工程中，也可以导入到其他工程中，在导入数据词典时，系统会自动根据 Excel 文件和被导入工程的数据词典进行比较，比较完成后会出现"变量导入校验报告"对话框，该校验报告给出了 Excel 文件中所有与被导入工程在数据词典中的不同之处，操作人员认真检查校核，确认无误后单击对话框上的"确认"按钮，进行导入，否则就单击"取消"按钮，系统会自动备份当前工程的数据词典数据文件。

3.4.3 变量的使用情况、更新和删除

操作人员在实际工程中有时需要了解变量的使用情况，及时掌握变量使用信息，并且在修改、增加变量后了解变量使用的准确信息，对某些经常不使用的变量进行删除，组态王提供了这些功能，下面介绍如何操作这些功能。

（1）变量的使用情况功能。打开工程浏览器后，选择菜单"工具"，单击"工具"菜

单中的"变量使用报告"系统出现信息提示框，说明系统正在提取画面，查找变量，在提取查找完成后弹出如图 3.25 所示的"变量使用报告"。

在"变量使用报告"中使用树状结构列出了所有的变量和未使用情况，变量在哪个命令语言中被使用了，在画面中被引用的坐标位置。如果没有被引用，则在该变量的节点处没有含有子节点的标记。

在"变量使用报告"的状态栏中显示当前"可使用点数"，即使用的组态王加密锁点数；"已使用点数"，即已经使用的变量数。操作人员据此判断还可以使用的点数。

单击"保存"按钮，弹出文件保存对话框，可以将"变量使用报告"保存为 .csv 格式的文件。

单击"查找"按钮，弹出查找对话框，如图 3.26 所示。

图 3.25　变量使用报告对话框

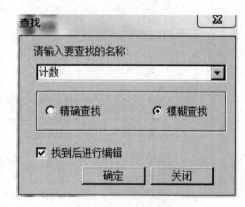

图 3.26　查找对话框

查找变量有两个选项，"精确查找""模糊查找"。如果选择"精确查找"，则在查找的编辑框中输入准确的变量名称，单击"确定"按钮开始查找。如果选择"模糊查找"则在查找的变量名称编辑框中输入变量名称的前若干个字符，单击"确定"按钮开始查找，确定后在"变量使用报告"的对话框中变量使用信息直接定位到这个变量，这样操作人员可以很方便地查找到某个变量的情况。

（2）变量的使用更新。在工程浏览器中选择菜单"工具"，在"工具"菜单中选择"更新变量计数"菜单，系统出现更新信息提示条，自动更新变量使用情况。这样可以在查看"变量使用报告"时更准确。

（3）未使用变量的删除。未使用变量的删除有两种方式：一种是在变量词典中直接删除，该种删除方式是永久删除。找到需要删除的变量，单击右键选择"删除"，就可将变量删除。另一种是在工程浏览器的菜单"工具"中选择"删除未用变量"菜单，这时会弹出对话框如图 3.27 所示，列表中会列出当前工程中未使用的变量，可以选择单个变量也可以同时选择多个变量，按"确定"按钮，则永久性地删除未使用变量。在删除未使用变量时，建议采用第二种方法。

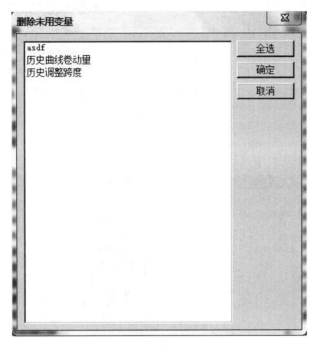

图 3.27 删除未用变量

3.5 项 目 实 例

现在以一个化工车间为实例，用组态王 6.55 软件建立一个化学反应监控中心，该监控中心生产现场采集到生产数据后，用动画的形式表现在监控中心的监控画面上，一般化学反应车间要采集记录四个现场数据：

化学原料液罐 1 液位（变量名：化学原料罐液位，最大值 100，整型数据）。

化学原料液罐压力（变量名：化学原料液罐压力，最大值 100，整型数据）。

化学原料液罐 2 液位（变量名：催化剂液位，最大值 100，整型数据）。

反应釜液位（变量名：反应釜液位，最大值 100，整型数据）。

3.5.1 建立化学反应车间新工程的步骤

（1）打开组态王 6.55 软件的工程管理器，如图 3.28 所示。

（2）单击"工程管理器"窗口工具栏上的"新建"按钮，或者可以单击下拉式菜单"文件"中的"新建工程"，弹出一个如图 3.29 所示的对话框。

（3）单击图 3.29 中的"下一步"按钮，弹出如图 3.30 所示的对话框。

（4）单击"浏览"按钮，选择路径"E：\组态"作为新建工程的存储路径。

（5）单击图 3.30 中的"下一步"按钮，弹出如图 3.31 所示的对话框。

（6）在图 3.31 对话框内的"工程名称"内填上"我的工程"这个名称，在"工程描述"内填上"反应车间监控中心"。

图 3.28　工程管理器窗口

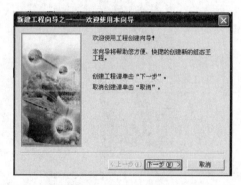

图 3.29　新建工程向导之一

图 3.30　新建工程向导之二

（7）再单击图 3.31 中的"完成"按钮，弹出如图 3.32 所示对话框，询问是否将新建的工程设为组态王的当前工程，单击"是"。

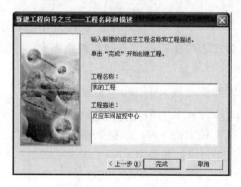

图 3.31　新建工程向导之三

图 3.32　新建组态王工程

（8）单击"是"，系统将新建工程设置为组态王当前工程，当进入运行环境时，系统就默认运行此工程。

（9）双击图 3.28 中"工程名称"，选择"反应工程"为当前工程，就可以进入工程浏览器的开发环境中进行二次开发。

3.5.2　化学反应车间监控中心画面设计

（1）打开工程浏览器，如图 3.33 所示。

（2）选中浏览器左侧"画面"，然后鼠标双击浏览器右侧的"新建"图标，弹出如图

3.34 所示对话框。

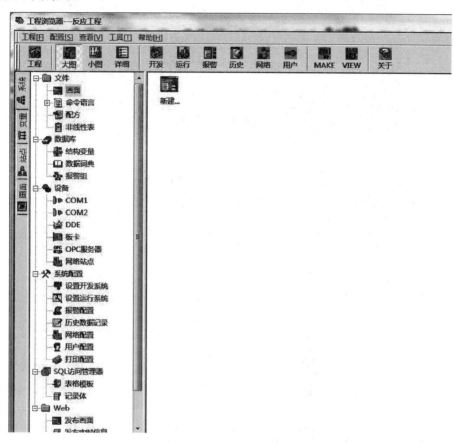

图 3.33 工程浏览器——反应工程

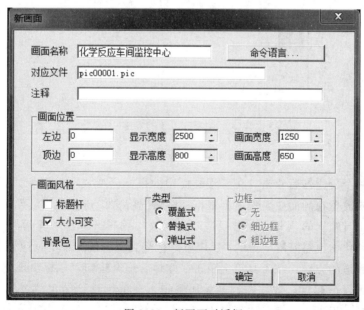

图 3.34 新画面对话框

（3）单击图 3.34 中的"确定"按钮后，进入到如图 3.35 所示画面。

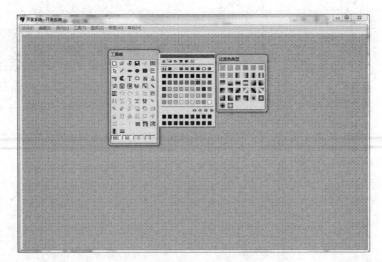

图 3.35 新建工程画面开发系统

（4）打开图 3.35 中的"图库"菜单，弹出图库，如图 3.36 所示。

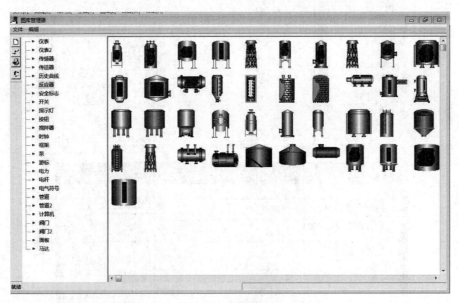

图 3.36 图库管理器

（5）选中一个反应器后双击，在工程画面中的鼠标会变成"┏"标志，单击该标志，则该反应器就被放置在画面中，然后再根据实际情况将它移到合适的位置。移到了合适的位置后，单击工具箱上的"T"，对该反应器进行文本编辑，标注"化学原料液罐 1"，用同样的方法将"化学原料液罐 2"和"反应釜"标注到工程画面中的反应器上。

（6）选择管道的方法：在工具箱上单击"立体管道"按钮，鼠标出现"＋"形状，在适当的位置作为管道起点，按住左键开始画管道，在鼠标移到结束位置时，双击鼠标左键，管道就会显示出来。如果管道需要拐弯，只需在管道拐弯处单击一下左键就可以转弯继续画管道。

（7）管道的颜色改变方式为选中需要改变颜色的管道，单击调色板上"线条色"按钮，在选色区中选中需要的颜色即可。

（8）改变管道宽度方式为选中管道，单击鼠标右键，弹出如图 3.37 所示菜单，单击"管道属性"弹出如图 3.38 所示"管道属性"对话框，在此对话框内可以改变管道的宽度。

图 3.37   下拉菜单

图 3.38   管道属性对话框

（9）阀门的选择以及文本标注方法与反应器的选择基本相同。

最终一个比较简单的化学反应车间监控中心就建立起来，如图 3.39 所示，单击"全部保存"按钮，就可以将所做保存下来。

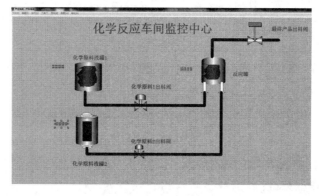

图 3.39   建立监控中心

3.5.3　定义数据变量

在图 3.39 所建立的监控中心里需要从下位机采集到化学原料液罐 1 液位、化学原料液罐 1 压力、化学原料液罐 2 液位、反应釜液位四个参数，因此要在工程浏览器中的数据库里定义这四个变量，这四个变量都是 I/O 实型变量。

（1）打开组态王 6.55 工程浏览器，选择左侧的数据词典，然后双击"新建"按钮，弹出如图 3.40 所示的"定义变量"对话框。

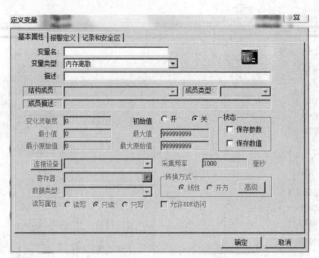

图 3.40　定义变量对话框

（2）在对话框内填上如下内容，如图 3.41 所示。

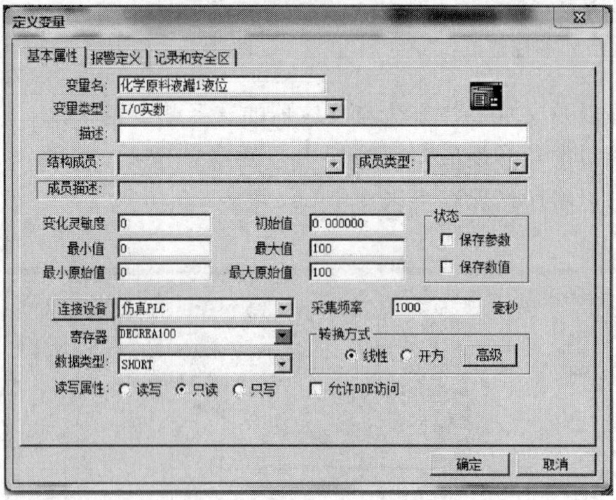

图 3.41　定义变化学原料罐 1 液位

变量名：化学原料液罐 1 液位。

变量类型：I/O 实数。

变化灵敏度：0。

初始值：0.000000。

最小值：0。

最大值：100。

最小原始值：0。

最大原始值：100。

连接设备：仿真 PLC。

寄存器：DECREA100。

数据类型：SHORT。

转换方式：线性。

读写属性：只读。

化学原料液罐 1 压力、化学原料液罐 2 液位、反应釜液位三个变量均可以按照上述方法进行定义。

（3）定义化学原料 1 出料阀变量，化学原料 1、2 出料阀以及反应釜出料阀均属于内存离散变量，如图 3.42 所示。

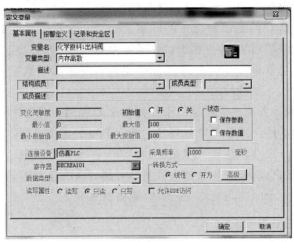

图 3.42　定义化学原料 1 出料阀变量

至此，化学反应车间监控中心的定义变量基本完成。在进入到动画连接时就需要这些变量。

画 面 的 组 态

4.1 动 画 连 接

4.1.1 连接概述

通过组态王开发系统，技术人员可以开发出静态的画面。但是如果仅是静态的画面是不能够完全反映出工程现场的实际状况的，因此需要通过建立实时数据库，通过数据库内变量的变化和现场状况的变化同步才能真正反映出来。要使数据库内变量的变化导致静态的画面动起来成为动画，就必须要有一座桥梁来连接，这座桥梁就是组态王开发系统的"动画连接"。"动画连接"就是建立画面的图素与数据库变量的对应关系。通过这样的对应关系，采集到的现场数据在变化时通过 I/O 接口，引起实时数据库内变量的变化，从而引起画面的变化动作，如液位的上下活动等。

"动画连接"为设计者提供了标准的工业控制图形界面，并且由可编程的命令语言连接来增强图形界面的功能。图形对象与变量之间有丰富的连接类型，图形对象可以按动画连接的要求改变颜色、尺寸、位置、填充百分数等，一个图形对象还可以同时定义多个连接。把这些动画连接组合起来，使动画效果生动有趣。系统还为部分动画连接的图形对象设置了访问权限，这对于保障系统的安全具有重要的意义。

4.1.2 动画连接对话框内容说明

动画连接对话框是给图形对象定义动画连接的地方。双击组态王中的图形，就会弹出动画连接对话框，如图 4.1 所示，以圆角矩形为例。

（1）对话框第一行的"对象类型"，是指被标识出的连接对象的类型。

（2）对话框右上角的"左""上""高度"和"宽度"指的是连接对象在画面中的坐标位置和图形的高度及宽度。

（3）"对象名称"是为图素提供的唯一名称，为以后开发使用。

（4）"提示文本"是当图形对象定义了动画连接时，在运行的时候，鼠标放在图形对象上，将出现开发中定义的提示文本。

（5）组态王提供了 22 种动画连接方式。

"属性变化"：共有 3 种连接（线属性、填充属性、文本色），它们规定了图形对象的颜色、线型、填充类型等属性如何随变量或连接表达式的值变化而变化。单击任一按钮弹出相应的连接对话框。线类型的图形对象可定义线属性连接，填充形状的图形对象可定义线属性、填充属性连接，文本对象可定义文本色连接。

"位置与大小变化"：有 5 种连接（水平移动、垂直移动、缩放、旋转、填充），规定

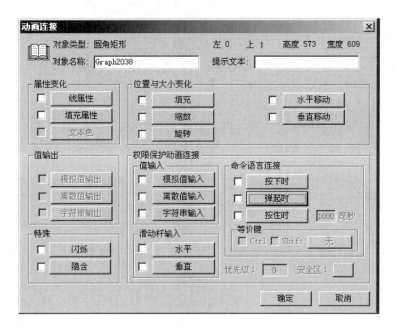

图 4.1　动画连接对话框

了图形对象如何随变量值的变化而改变位置或大小。不是所有的图形对象都能定义这 5 种连接，单击任意按钮弹出相应的连接对话框。

"值输出"：只有文本图形对象能定义 3 种值输出连接中的某一种（模拟值输出、离散值输出、字符串输出）。这种连接用来在画面上输出文本图形对象的连接表达式的值。运行时文本字符串将被连接表达式的值所替换，输出的字符串的大小、字体和文本对象相同。按任一按钮弹出相应的输出连接对话框。

"值输入"：所有的图形对象都可以定义为 3 种用户输入连接中的一种（模拟值输入、离散值输入、字符串输入），输入连接使被连接对象在运行时为触敏对象。当 TouchVew 运行时，触敏对象周围出现反显的矩形框，可由鼠标或键盘选中此触敏对象。按 Space 键、Enter 键或鼠标左键会弹出输入对话框，可以从键盘键入数据以改变数据库中变量的值。

"命令语言连接"：所有的图形对象都可以定义 3 种命令语言连接中的一种（按下时、弹起时、按住时），命令语言连接使被连接对象在运行时成为触敏对象。当 TouchVew 运行时，触敏对象周围出现反显的矩形框，可由鼠标或键盘选中。按 Space 键、Enter 键或鼠标左键，就会执行定义命令语言连接时用户输入的命令语言程序。按相应按钮弹出连接的命令语言对话框。

"特殊"：所有的图形对象都可以定义 2 种连接（闪烁、隐含），这是 2 种规定图形对象可见性的连接。按任一按钮弹出相应连接对话框。

"滑动杆输入"：所有的图形对象都可以定义 2 种滑动杆输入连接中的一种（水平、垂直），滑动杆输入连接使被连接对象在运行时为触敏对象。当 TouchVew 运行时，触敏对象周围出现反显的矩形框。鼠标左键拖动有滑动杆输入连接的图形对象可以改变数据库中变量的值。

"等价键"：设置被连接的图素在被单击执行命令语言时与鼠标操作相同功能的快捷键。

"优先级"：此编辑框用于输入被连接的图形对象的访问优先级级别。当软件在TouchVew中运行时，只有优先级别不小于此值的操作员才能访问它，这是组态王保障系统安全的一个重要功能。

"安全区"：此编辑框用于设置被连接对象的操作安全区。当工程处在运行状态时，只有在设置安全区内的操作员才能访问它，安全区与优先级一样是组态王保障系统安全的一个重要功能。

4.2 动画连接实现

动画连接的实现是通过动画连接对话框中各个连接的设置而实现的，本单元介绍如何使用各种连接。

4.2.1 线属性连接

（1）打开动画连接对话框后，在动画连接对话框中点击"线属性"按钮，弹出线属性对话框，如图4.2所示。

线属性连接是被连接对象的边框或线的颜色和线形随连接表达式的值而改变。定义这类连接需要同时定义分段点（阀值）和对应的线属性。利用连接表达式的多样性，可以构造出许多很有用的连接。

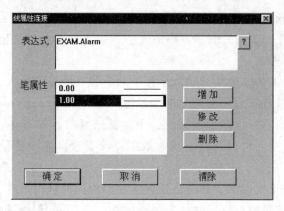

图4.2 线属性连接对话框

（2）以EXAM报警变量为例（图4.2），用线的颜色来表示报警变量的报警状态，具体步骤如下：

1）在画面上画一个圆角矩形后，双击该图，弹出如图4.2所示对话框。

2）在"表达式"编辑框中输入EX-AM.Alarm。

3）在"笔属性"编辑框内将笔属性颜色改为0（蓝色），1（红色），单击确定就完成。

4）在完成线属性设置后，软件运行时，当警报发生时（EXAM.Alarm = 1），线的颜色就变成红色；当警报解除后，线的颜色就变成蓝色。

（3）线属性对话框内各项设置说明如下：

1）"表达式"是输入表达式编辑框，变量和变量域的查看可以单击编辑框右边的"？"。

2）"增加"按钮是增加新的分段点，单击"增加"按钮，弹出"输入新值"对话框，在对话框内输入新的阈值和设置笔属性，如图 4.3 所示。

3）单击图 4.3 中的"线形"以及"颜色"按钮就可以选择新增分段点的线形和颜色。

4）"修改"按钮是修改选中的分段点，使用方法同"增加"一样。

5）删除按钮是删除选中的分段点 。

4.2.2　填充属性连接

（1）打开动画连接对话框后，在动画连接对话框中单击"填充属性"按钮，弹出填充属性对话框，如图 4.4 所示。

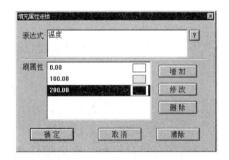

图 4.3　输入新的阈值　　　　　图 4.4　填充属性连接对话框

填充属性连接使得图形对象的填充颜色和填充类型随着连接表达式的值而变化，通过定义一些分段点（包括阈值和对应填充属性），使图形对象的填充属性在一段数值内为指定值。

（2）以温度变量为例，用不同的颜色来表示不同的温度阈值。

1）在画面上画一个封闭圆角矩形后，双击该图形，弹出如图 4.4 所示对话框。

2）在"表达式"编辑框中输入温度。

3）在"刷属性"编辑框内选择阈值为 0.00（填充属性为白色），100.00（填充属性为黄色），200.00（填充属性为红色），单击"确定"后完成温度填充属性设置。

4）在完成填充属性设置后，软件运行时，当温度阈值在 0～100 时，填充属性为白色；当温度阈值在 100～200 时，填充属性为黄色；当温度阈值在 200 以上时，填充属性为红色。

（3）填充属性对话框内各项设置说明如下：

1）"表达式"是输入表达式编辑框，变量和变量域的查看可以单击编辑框右边的"？"。

2）"增加"按钮是增加新的分段点，单击"增加"按钮，弹出"输入新值"对话框，在对话框内输入新的阈值和设置画刷属性，如图 4.5 所示。

3）单击图 4.5 中的"类型"以及"颜色"按钮就可以选择新增分段点的线形和颜色。

4）"修改"按钮是修改选中的分段点，使用方法同输入新的阈值。

5）"删除"按钮是删除选中的分段点。

4.2.3　文本色连接

（1）打开动画连接对话框后，在动画连接对话框中单击"文本属性"按钮，弹出文本色连接对话框，如图 4.6 所示。

图 4.5 输入新值对话框

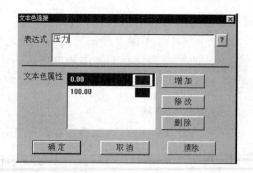

图 4.6 文本色连接

文本色连接是使文本对象的颜色随连接表达式的值而改变，通过定义一些分段点（包括颜色和对应数值）使文本颜色在特定数值段内为指定颜色。

（2）以压力变量为例，用不同的颜色来表示不同的压力阈值连接。

1）打开文本色连接对话框，弹出如图 4.6 所示对话框。

2）在"表达式"编辑框里输入"压力"。

3）在"文本色属性"编辑框内输入分段点阈值 0.00 值（红色），另一分段点阈值 100.00（蓝色），单击"确定"按钮完成文本色设置。

4）在文本色设置完成后，软件运行时，当压力阈值在 0～100 时，文本色为红色；当压力阈值在 100 以上时，文本色为蓝色。

（3）文本色连接对话框内各项设置说明如下：

1）"表达式"是输入表达式编辑框，变量和变量域的查看可以单击编辑框右边的"?"。

2）"增加"按钮是增加新的分段点，单击"增加"按钮，弹出"输入新值"对话框，在对框内输入新的阈值和设置文本色属性。如图 4.7 所示。

3）单击图 4.7 中的"文本色"按钮，可以选择新增分段点的颜色。

4）"修改"按钮是修改选中的分段点，使用方法同"增加"一样。

5）"删除"按钮是删除选中的分段点。

4.2.4 水平移动连接

（1）打开动画连接对话框后，在动画连接对话框中单击"水平移动连接"按钮，弹出水平移动连接对话框，如图 4.8 所示。

图 4.7 输入新值

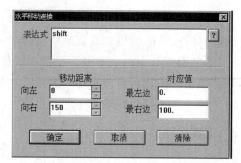

图 4.8 水平移动连接对话框

水平移动连接是使被连接对象在画面中随连接表达式的值的改变而水平移动，移动距离以像素为单位，以被连接对象在画面制作系统中的原始位置为参考基准，水平移动连接常用来表示图形对象实际的水平运动。

（2）以建一个指示器为例说明如下：

1）在画面上画一个三角形，双击该三角形，弹出如图 4.8 所示对话框。

2）在"表达式"编辑框内输入 shift 来表示量的大小。

3）输入移动距离和对应值，单击"确定"，完成水平移动连接设置。

4）最终建立如图 4.9 所示的水平移动指示器。

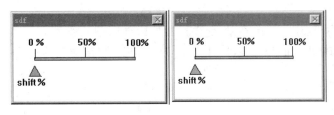

图 4.9　水平移动指示器实例

（3）水平移动连接对话框内各项设置说明如下：

1）"表达式"是输入表达式编辑框，变量和变量域的查看可以单击编辑框右边的"?"。

2）"向左"是输入图素在水平方向向左移动（以被连接对象在画面中的原始位置为参考基准）的距离。

3）"最左边"是输入与图素处于最左边时相对应的变量值，当连接表达式的值为对应值时，被连接对象的中心点向左（以原始位置为参考基准）移到最左边规定的位置。

4）"向右"是输入图素在水平方向向右移动（以被连接对象在画面中的原始位置为参考基准）的距离。

5）"最右边"是输入与图素处于最右边时相对应的变量值，当连接表达式的值为对应值时，被连接对象的中心点向右（以原始位置为参考基准）移到最右边规定的位置。

4.2.5　垂直移动连接

（1）打开动画连接对话框后，在动画连接对话框中单击"垂直移动连接"按钮，弹出垂直移动连接对话框，如图 4.10 所示。

垂直移动连接是使被连接对象在画面中的位置随连接表达式的值的改变而垂直移动。移动距离以像素为单位，以被连接对象在画面制作系统中的原始位置为参考基准，垂直移动连接常用来表示图形对象实际的垂直运动。

（2）垂直移动连接使用方法同水平移动连接相同。

（3）垂直移动连接对话框的各项设置说明如下：

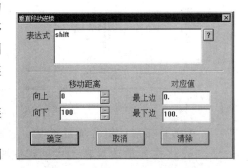

图 4.10　垂直移动连接对话框

1）"表达式"是输入表达式的编辑框，变量和变量域的查看可以单击编辑框右边的"？"。

2）"向上"是输入图素在垂直方向向上移动（以被连接对象在画面中的原始位置为参考基准）的距离。

3）"最上边"是输入与图素处于最上边时相对应的变量值，当连接表达式的值为对应值时，被连接对象的中心点向上（以原始位置为参考基准）移到最上边规定的位置。

4）"向下"是输入图素在垂直方向向下移动（以被连接对象在面中的原始位置为参考基准）的距离。

5）"最下边"是输入与图素处于最下边时相对应的变量值，当连接表达式的值为对应值时，被连接对象的中心点向下（以原始位置为参考基准）移到最下边规定的位置。

4.2.6　缩放连接

（1）打开动画连接对话框后，在动画连接对话框中单击"缩放连接"按钮，弹出缩放连接对话框，如图4.11所示。

图4.11　缩放连接对话框

缩放连接是使被连接对象的大小随连接表达式的值的变化而变化。

（2）例如建立一个温度计，用一矩形表示水银柱（将其设置"缩放连接"动画连接属性），以反映变量"温度"的变化。

1）在画面上画一个矩形，选中矩形后打开动画连接里的缩放连接对话框，如图4.11所示。

2）在"表达式"编辑框内输入温度。

3）输入各个对应值，单击"确定"，完成缩放连接设置。

4）最终建立如图4.12所示的温度缩放连接。

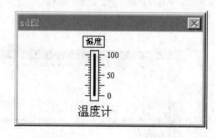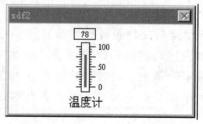

图4.12　温度缩放连接实例

（3）缩放连接对话框各项设置说明如下：

1）"表达式"是输入表达式的编辑框，变量和变量域的查看可以单击编辑框右边的"？"。

2）"最小时"是输入对象最小时占据的被连接对象的百分比（占据百分比）及对应的表达式的值（对应值）。百分比为 0 时此对象不可见。

3）"最大时"是输入对象最大时占据的被连接对象的百分比（占据百分比）及对应的表达式的值（对应值）。若此百分比为 100，则当表达式值为对应值时，对象大小为制作时该对象的大小。

4）"变化方向"是选择缩放变化的方向。变化方向共有五种，用"方向选择"按钮旁边的指示器来形象地表示。箭头是变化的方向，蓝点是参考点。单击"方向选择"按钮，可选择五种变化方向之一，如图 4.13 所示。

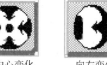

向下变化　　　　向上变化　　　　向中心变化　　　　向左变化　　　　向右变化

图 4.13　缩放的五种变化方向

4.2.7　旋转连接

（1）打开动画连接对话框后，在动画连接对话框中单击"旋转连接"按钮，弹出旋转连接对话框，如图 4.14 所示。

旋转连接是使被连接对象在画面中的位置随连接表达式的值的变化而旋转。

（2）例如建立了一个有指针仪表，以指针旋转的角度表示变量"泵速"的变化。

1）在画面上画一个圆形，选中圆形后打开动画连接里的旋转连接对话框，如图 4.14 所示。

2）在"表达式"编辑框内输入泵速。

3）在其他编辑框内输入相应的值，单击"完成"按钮，旋转连接设置完成。

图 4.14　旋转连接对话框

4）最终建立如图 4.15 所示的泵速旋转连接。

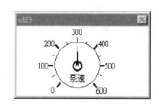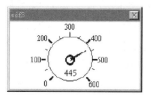

图 4.15　泵速旋转连接实例

（3）旋转连接对话框的各项设置说明如下：

1）"表达式"是输入表达式的编辑框，变量和变量域的查看可以单击编辑框的右边的"？"。

2）"最大逆时针方向对应角度"是被连接对象逆时针方向旋转所能达到的最大角度及

对应的表达式的值（对应数值）。角度值限于 $0°\sim360°$，Y 轴正向是 $0°$。

3）"最大顺时针方向对应角度"是被连接对象顺时针方向旋转所能达到的最大角度及对应的表达式的值（对应数值）。角度值限于 $0°\sim360°$，Y 轴正向是 $0°$。

4）"旋转圆心偏离图素中心的大小"是被连接对象旋转时所围绕的圆心坐标距离被连接对象中心的值，水平方向为圆心坐标水平偏离的像素数（正值表示向右偏离），垂直方向为圆心坐标垂直偏离的像素数（正值表示向下偏离），该值可由坐标位置窗口（在开发系统中用热键 F8 激活）帮助确定。

4.2.8 填充连接

（1）打开动画连接对话框后，在动画连接对话框中单击"填充连接"按钮，弹出填充连接对话框，如图 4.16 所示。

填充连接是使被连接对象的填充物（颜色和填充类型）占整体的百分比随连接表达式的值的变化而变化。

（2）例如建立一个液位变化显示，以填充来表示变量"液位"的变化。

1）在画面上画一个矩形，选中矩形后打开动画连接中的填充连接，如图 4.16 所示。

2）在"表达式"编辑框内输入"液位"变量。

3）在其他的编辑框内输入相应的值，单击"完成"，填充连接完成。

4）最终建立如图 4.17 所示的液位填充连接。

图 4.16 填充连接对话框

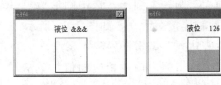

图 4.17 液位填充连接实例

（3）填充连接对话框的各项设置说明如下：

1）"表达式"是输入表达式的编辑框，变量和变量域的查看可以单击编辑框右边的"?"。

2）"最小填充高度"是输入对象填充高度最小时所占据的被连接对象的高度（或宽度）的百分比（占据百分比）及对应的表达式的值（对应数值）。

3）"最大填充高度"是输入对象填充高度最大时所占据的被连接对象的高度（或宽度）的百分比（占据自分比）及对应的表达式的值（对应数值）。

4）"填充方向"是规定填充方向，由"填充方向"按钮和填充方向示意图两部分组成。共有四种填充方向，单击"填充方向"按钮，可选择其中之一，如图 4.18 所示。

5）"缺省填充刷"是被连接对象在没有填充连接属性时采用的，鼠标左键单击"类

向上填充　　　　　向下填充　　　　　向左填充　　　　　向右填充

图 4.18　四种填充方向

型"按钮弹出漂浮式窗口，移动鼠标进行填充属性选择。鼠标左键单击"颜色"按钮弹出漂浮式窗口，移动鼠标进行填充颜色选择。

4.2.9　模拟值输出连接

（1）打开动画连接对话框后，在动画连接对话框中单击"模拟值输出连接"按钮，弹出模拟值输出连接对话框，如图 4.19 所示。

模拟值输出连接是使文本对象的内容在程序运行时被连接表达式的值所取代。

（2）例如建立文本对象以表示系统时间，为文本对象连接的变量是系统预定义变量 $ 时、$ 分、$ 秒。

1）打开模拟值输出连接对话框，在"表达式"编辑框内输入系统时间变量。

2）在其他编辑框内输入相应的值。

3）最终建立如图 4.20 所示的模拟值输出连接。

图 4.19　模拟值输出连接对话框

设计状态　　　　　TouchVew中的运行状态

图 4.20　系统时间模拟值输出连接实例

（3）模拟值输出连接对话框的各项设置说明如下：

1）"表达式"是输入表达式的编辑框，变量和变量域的查看可以单击编辑框右边的"?"。

2）"科学计数法"是规定输出值是否用科学计数法显示。

3）"整数位数"是输出值的整数部分占据的位数，若实际输出时值的位数少于此处输入的值，则高位填 0。如规定整数位是 4 位，而实际值是 12，则显示为 0012。如果实际输出时值的位数多于此值，则按照实际位数输出，如实际值是 12345，则显示为 12345，若不想有前位数的情况出现，则可令整数位数为 0。

4）"小数位数"是输出值的小数部分位数。若实际输出时值的位数小于此值，则填 0 补充。如规定小数位是 4 位，而实际值是 0.12，则显示为 0.1200。如果实际输出时值的位数多于此值，则按照实际位数输出。

5）"对齐方式"是运行时输出的模拟值字符串与当前被连接字符串在位置上按照左、中、右方式对齐。

4.2.10 离散值输出连接

（1）打开动画连接对话框后，在动画连接对话框中单击"离散值输出连接"按钮，弹出离散值输出连接对话框，如图 4.21 所示。

离散值输出连接是使文本对象的内容在运行时被连接表达式的指定字符串所取代。

（2）以建立一个文本对象"液位状态"为例。

1）打开离散值输出连接对话框，在"条件表达式"编辑框内输入液位状态变量，"液位＜180"，当液位设定在小于 180 时，为"液位正常"，当变量值不小于 180 时，为"液位过高"。

2）在"表达式为真时，输出信息"编辑框内输入"液位正常"；在"表达式为假时，输出信息"编辑框内输入"液位过高"，选择对齐方式后单击"确定"按钮即可。

3）最终建立如图 4.22 所示的液位离散值输出连接。

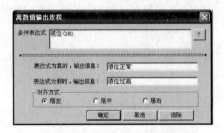
图 4.21 离散值输出连接对话框

图 4.22 液位离散值输出连接实例

（3）离散值输出连接对话框的各项设置说明如下：

1）"条件表达式"是可以输入的合法的连接表达式。单击右侧的"？"按钮可以查看已定义的变量和变量域。

2）"表达式为真时，输出信息"是规定表达式为真时，被连接对象（文本）输出的内容。

3）"表达式为假时，输出信息"是规定表达式为假时，被连接对象（文本）输出的内容。

4）"对齐方式"是运行时输出的离散量字符串与当前被连接字符串在位置上按照左、中、右方式对齐。

4.2.11 字符串输出连接

（1）打开动画连接对话框后，在动画连接对话框中单击"字符串输出连接"按钮，弹出字符串输出连接对话框，如图 4.23 所示。

字符串输出连接是使画面中文本对象的内容在程序运行时被数据库中的某个字符串变量的值所取代。

（2）例如建立一个文本对象"＃＃＃"，使其在运行时输出历史趋势曲线窗口中曲线 1、2 对应的变量名。使用系统函数 HTGetPenName 来取得变量名。

1）打开字符串输出连接对话框，在"表达式"编辑框内输入"HTGetPenName（history，1）"。

2）选中对齐方式后单击"确定"按钮完成字符串输出连接。

3）最终建立如图 4.24 所示的字符串输出连接。

图 4.23　字符串输出连接对话框　　　　图 4.24　字符串输出连接实例

（3）字符串输出连接对话框的各项设置说明如下：

1）"表达式"是输入表达式的编辑框，变量和变量域的查看可以单击编辑框右边的"?"。

2）"对齐方式"是选择运行时输出的字符串与当前被连接字符串在位置上的对齐方式。

4.2.12　模拟值输入连接

（1）打开动画连接对话框后，在动画连接对话框中单击"模拟值输入连接"按钮，弹出模拟值输入连接对话框，如图 4.25 所示。

模拟值输入连接是使被连接对象在运行时为触敏对象，单击此对象或按下指定热键将弹出输入值对话框，操作人员在对话框中可以输入连接变量的新值，以改变数据库中某个模拟型变量的值。

图 4.25　模拟值输入连接对话框

（2）以建立改变温度变量为例说明如下：

1）在画面上建立一个矩形，打开矩形的动画连接，单击"模拟值输入连接"按钮，弹出如图 4.25 所示的对话框。

2）在"变量名"编辑框内输入"温度"变量。

3）在其他编辑框内输入相应的值后，单击"确定"按钮，完成模拟值输入连接设置。

4）最终建立如图 4.26 所示的模拟值输入连接。

（3）模拟值输入连接对话框的各项设置说明如下：

1）"变量名"是指要改变的模拟型变量的名称。变量和变量域的查看可以单击编辑框右边的"?"。

2）"提示信息"是指运行时出现在弹出对话框上用于提示输入内容的字符串。

3）"值范围"是指输入值的范围，它应该是要改变的变量在数据库中设定的最大值和最小值。可以用键盘直接输入。

4）"激活键"是指定义激活键，这些激活键可以是键盘上的单键也可以是组合键（Ctrl，Shift 和键盘单键的组合），在 TouchVew 运行画面时可以用激活键随时弹出输入对话框，以方便修改新的模拟值。

激活键的定义是在图 4.25 中，当 Ctrl 和 Shift 字符左边的选择框出现"√"符号时，分别表示 Ctrl 键和 Shift 键有效，单击"键…"按钮，则弹出如图 4.27 所示的对话框。

在此对话框中操作人员可以选择一个键，再单击"关闭"按钮，完成热键设置。

图 4.26　温度模拟值输入连接实例

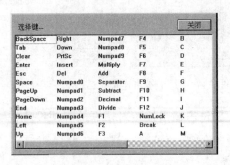

图 4.27　热键设置

4.2.13　离散值输入连接

（1）打开动画连接对话框后，在动画连接对话框中单击"离散值输入连接"按钮，弹出离散值输入连接对话框，如图 4.28 所示。

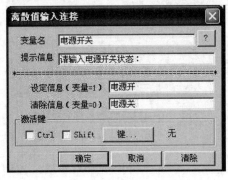

图 4.28　离散值输入连接对话框

离散值输入连接是使被连接对象在运行时为触敏对象，单击此对象后弹出输入值对话框，可在对话框中输入离散值，以改变数据库中某个离散型变量的值。

（2）以建立一个 DDE 离散变量"电源开关"为例说明如下：

1）在画面上建立一个矩形，打开矩形的动画连接，单击"离散值输入连接"按钮，弹出如图 4.28 所示的离散值输入连接对话框。

2）在"变量名"编辑框内输入变量名"电源开关"。

3）设定变量为 1（打开）；变量为 0（关闭）。单击"确定"完成离散值输入连接设置。

4）最终建立如图 4.29 所示的离散值输入连接（运行时单击矩形就会出现）。

图 4.29　离散值输入连接实例

（3）离散值输入连接对话框的各项设置说明如下：

1）"变量名"是指要改变的离散型变量的名称。变量和变量域的查看可以单击编辑框右边的"?"。

2）"提示信息"是指运行时出现在弹出对话框上用于提示输入内容的字符串。

3）"设置信息"是指运行时出现在弹出对话框上第一个按钮上的文本内容，此按钮用于将离散变量值设为1。

4）"清除信息"是指运行时出现在弹出对话框上第二个按钮上的文本内容，此按钮用于将离散变量值设为0。

5）"激活键"是指定义激活键，与模拟值输入连接的激活键相同。

4.2.14　字符串输入连接

（1）打开动画连接对话框后，在动画连接对话框中单击"字符串输入连接"按钮，弹出字符串输入连接对话框，如图4.30所示。

字符串输入连接是使被连接对象在运行时为触敏对象，操作人员可以在运行时改变数据库中的某个字符串型变量的值。

（2）以建立一个"记录信息"字符串输入连接为例说明如下：

1）在画面上建立一个矩形，打开矩形的动画连接，单击"字符串输入连接"按钮，弹出如图4.30所示字符串输入连接对话框。

2）在"变量名"编辑框内输入变量名"记录信息"。

3）单击"确定"完成字符串输入连接设置。

4）最终建立如图4.31所示的字符串输入连接（运行时单击矩形就会出现）。

图4.30　字符串输入连接设置对话框

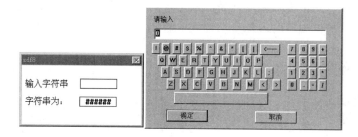

图4.31　字符串输入连接实例

（3）字符串输入连接对话框的各项设置说明如下：

1）"变量名"是指要改变的字符串型变量的名称。变量和变量域的查看可以单击编辑框右边的"？"。

2）"提示信息"是指运行时出现在弹出对话框上用于提示输入内容的字符串。

3）"激活键"是指定义激活键，与模拟值输入的激活键相同。

4）"口令形式"是指规定操作人员在向弹出对话框上的编辑框中输入字符串内容时，编辑框中的字符串是否以口令形式（＊＊＊＊＊＊＊）显示。

4.2.15　闪烁连接

（1）打开动画连接对话框后，在动画连接对话框中单击"闪烁连接"按钮，弹出闪烁连接对话框，如图 4.32 所示。

闪烁连接是使被连接对象在条件表达式的值为真时闪烁。闪烁效果易于引起注意，因此常用于出现非正常状态时的报警。

（2）建立一个表示报警状态的红色圆形对象，使其能够在变量"液位"的值大于 180 闪烁：

1）画圆，选中后打开动画连接，单击动画连接对话框中"闪烁连接"按钮，弹出如图 4.32 所示的闪烁连接对话框。

2）在"闪烁条件"编辑框内输入变量"液位＞180"。

3）输入所需闪烁速度，单击"完成"，完成闪烁连接。

4）在运行时，当变量液位超过 180 时，红灯就会开始闪烁，如图 4.33 所示。

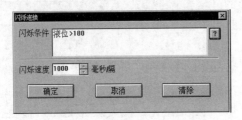

图 4.32　闪烁连接对话框

图 4.33　闪烁连接实例

（3）闪烁连接对话框的各项设置说明如下：

1）"闪烁条件"是指输入闪烁的条件表达式，当此条件表达式的值为真时，图形对象开始闪烁。表达式的值为假时闪烁自动停止。单击"?"按钮可以查看已定义的变量和变量域。

2）"闪烁速度"是指规定闪烁的频率。

4.2.16　隐含连接

（1）打开动画连接对话框后，在动画连接对话框中单击"隐含连接"按钮，弹出隐含连接对话框，如图 4.34 所示。

隐含连接是使被连接对象根据条件表达式的值而显示或隐含。

（2）建立一个表示危险状态的文本对象"液位过高"，使其能够在变量"液位"的值大于 180 时显示出来。

1）画圆，选中后打开动画连接，单击动画连接对话框中"隐含连接"按钮，弹出如图 4.34 所示的隐含连接对话框。

2）在"条件表达式"编辑框内输入变量"液位＞180"。

3）选中在条件为"真"时"显示"，单击"完成"，完成隐含连接。

4）在运行时，当变量液位超过 180 时，红灯就会开始显示，如图 4.35 所示。

<table>
<tr><td>图 4.34　隐含连接对话框</td><td>图 4.35　隐含连接实例</td></tr>
</table>

（3）隐含连接对话框的各项设置说明如下：

1）"条件表达式"是指输入要显示或隐含的条件表达式，变量和变量域的查看可以单击编辑框右边的"?"。

2）"条件表达式为真时"是指规定当条件表达式值为 1（真）时，被连接对象是显示还是隐含。当表达式的值为假时，定义了"显示"状态的对象自动隐含，定义了"隐含"状态的对象自动显示。

4.2.17　流动连接

（1）在画面上画一个立体管道图后，选中管道，打开动画连接对话框后，在动画连接对话框中单击"流动"按钮，弹出流动连接对话框，如图 4.36 所示。

流动连接主要用于立体管道内液体的流动状态，流动状态根据"流动条件"表达式的值确定。

（2）流动连接对话框内各项设置说明如下：

1）"流动条件"是指输入与流动有关的整型变量，变量和变量域的查看也可以单击编辑框右边的"?"。

2）"说明"：当变量值为 0 时，不产生流动效果；当变量值为 1 时，流动方向是从管道起点到管道终点；当变量值为 2 时，流动方向是从管道终点到管道起点；当变量值为 3 时，停止流动。

4.2.18　水平滑动杆输入连接

（1）打开动画连接对话框后，在动画连接对话框中单击"水平滑动杆输入"按钮，弹出水平滑动杆输入连接对话框，如图 4.37 所示。

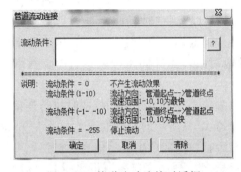

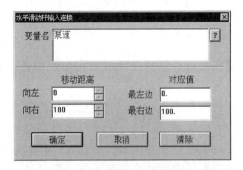

<table>
<tr><td>图 4.36　管道流动连接对话框</td><td>图 4.37　水平滑动杆输入连接对话框</td></tr>
</table>

当有滑动杆输入连接的图形对象被鼠标拖动时，与其连接的变量的值将会被改变。当变量的值改变时，图形对象的位置也会发生变化。

（2）如建立一个"泵速"变量改变的水平滑动杆连接，如图 4.37 所示。

1）在"变量名"编辑框内输入"泵速"变量。

2）在"移动距离"和"对应值"内输入对应值。

3）输入后按"确定"按钮，完成水平滑动杆输入连接设置，如图 4.38 所示。

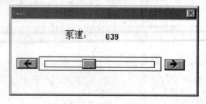

设计状态　　　　　　　　　　　TouchVew中的运行状态

图 4.38　泵速改变的水平滑动杆输入连接实例

（3）水平滑动杆输入连接对话框的各项设置说明如下：

1）"变量名"是指输入与图形对象有关系的变量，变量和变量域的查看也可以单击编辑框右边的"?"。

2）"移动距离"中的"向左"是指图形对象从设计位置向左移动的最大距离；"向右"是指图形对象从设计位置向右移动的最大距离。

3）"对应值"中的的"最左边"是指图形对象在最左端时变量的值；"最右边"是指图形对象在最右端时变量的值。

4.2.19　垂直滑动杆输入连接

（1）与水平滑动杆输入连接类似，只是它的滑动方向是垂直方向，如图 4.39 所示。

图 4.39　垂直滑动杆输入连接对话框

（2）垂直滑动杆输入连接的各项设置说明如下：

垂直滑动杆输入连接对话框内的各项设置说明基本与水平滑动杆输入连接相同，只是在方向上有差别，垂直滑动的方向是上下移动。

4.2.20　动画连接命令语言

动画命令语言有三种，打开动画连接对话框后，可以看到三种动画命令语言分别是"按下时""弹起时"和"按住时"。这三种动画命令语言连接可以使被连接对象在运行时成为触敏对象，当 TouchVew 运行时，触敏对象周围出现反显的矩形框。

三种命令语言连接分别表示鼠标左键在触敏对象上按下、弹起、按住时执行连接的命令语言程序。单击任何一个命令语言则会弹出如图 4.40 所示的对话框。

此对话框用于命令语言的输入。在对话框右边有一些能产生提示信息的按钮，可让操作人员选择已定义的变量名及域、系统预定义函数名、画面窗口名、报警组名、运算符、关键字等。还提供剪切、复制、粘贴、复原等编辑手段，使操作人员可以从其他命令语言连接中复制已编好的命令语言程序。

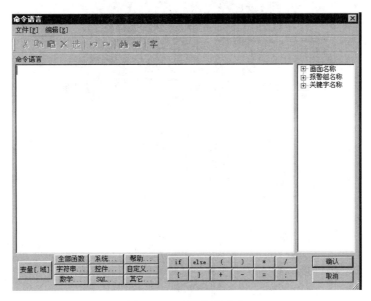

图 4.40　动画连接命令

4.3　使用动画连接向导

组态王系统提供了可视化动画连接向导，该向导包括了水平移动、垂直移动、滑动杆水平和垂直移动、旋转移动共五个动画连接向导，下面就逐一介绍这五种动画连接向导的使用方法。

4.3.1　水平移动动画连接向导

（1）建立新画面，画出需要水平移动的图素。

（2）选中图素，单击右键，弹出快捷菜单，选中"动画连接向导/水平移动连接向导"，鼠标就变成一个小"十"字形。

（3）选择图素的起始位置，单击左键，鼠标变成一个向左的箭头，表示当前定义的是运行时图素由起始位置向左移动的距离，水平移动鼠标，箭头随着移动，并画出一条水平移动轨线。

（4）当鼠标箭头向左移动到左边界后，单击鼠标左键，鼠标形状变为向右的箭头，表示当前定义的是运行时图素由起始位置向右移动的距离，水平移动鼠标，箭头随着移动，并画出一条水平移动轨迹线，当到达水平移动的右边界时，单击鼠标左键，弹出水平移动动画连接向导对话框如图 4.41 所示。

（5）图 4.41 中的"表达式"编辑框内输入变量，变量和变量域的查看可以单击编辑框右边的"？"。

（6）图 4.41 中的"移动距离"的"向左"和"向右"数据是利用向导建立动画连接

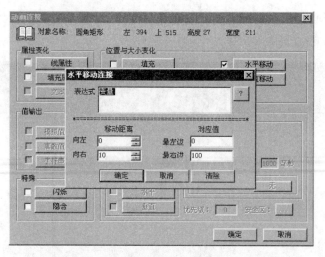

图 4.41　水平移动动画连接向导对话框

产生的数据。操作人员可以按照需要修改该项。单击"确定"完成水平移动动画连接。

4.3.2　垂直移动动画连接向导

（1）建立新画面，画出需要垂直移动的图素。

（2）选中图素，单击右键，弹出快捷菜单，选中"动画连接向导垂直移动连接向导"，鼠标就变成一个小"十"字形。

（3）选择图素的起始位置，单击左键，鼠标变成一个向上的箭头，表示当前定义的是运行时图素由起始位置向上移动的距离，垂直移动鼠标，箭头随着移动，并画出一条垂直移动轨迹线。

（4）当鼠标箭头向上移动到上边界后，单击鼠标左键，鼠标形状变为向下的箭头，表示当前定义的是运行时图素由起始位置向下移动的距离，垂直移动鼠标，箭头随着移动，并画出一条垂直移动轨迹线，当到达垂直移动的下边界时，单击鼠标左键，弹出垂直移动动画连接向导对话框，如图 4.42 所示。

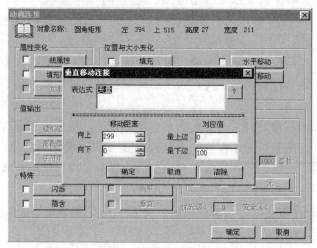

图 4.42　垂直移动动画连接向导对话框

（5）图 4.42 中的"表达式"编辑框内输入变量，变量和变量域的查看可以单击编辑框右边的"？"。

（6）图 4.42 中的"移动距离"的"向上"和"向下"数据是利用向导建立动画连接产生的数据。操作人员可以按照需要修改该项。单击"确定"完成垂直移动动画连接。

4.3.3　旋转动画连接向导

（1）建立新画面，画出需要旋转的图素，如一个能旋转的椭圆。

（2）选中图素，单击右键，弹出快捷菜单，选中"动画连接向导/旋转连接向导"，鼠标就变成一个小"十"字形。

（3）选择图素旋转时的围绕中心，在画面上相应位置单击鼠标左键。随后鼠标形状变为逆时针方向的旋转箭头，表示现在定义的是图素逆时针旋转的起始位置和旋转角度。移动鼠标，环绕选定的中心，则一个图素形状的虚线框会随鼠标的移动而转动。

（4）确定逆时针旋转的起始位置后，单击鼠标左键，鼠标形状变为顺时针方向的旋转箭头，表示现在定义的是图素顺时针旋转的起始位置和旋转角度，方法同逆时针定义。选定好顺时针的位置后，单击鼠标弹出旋转动画连接向导对话框，如图 4.43 所示。

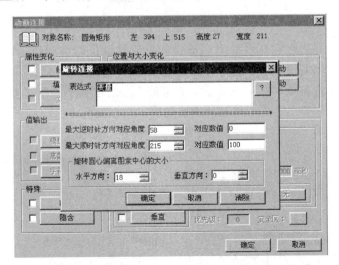

图 4.43　旋转动画连接向导对话框

4.3.4　滑动杆输入动画连接向导

滑动杆输入动画连接向导有水平和垂直移动两种，使用方法和水平移动、垂直移动相同，就不再叙述。

4.4　项　目　实　例

以 3.5 的化学反应车间监控中心为例进行动画连接。

（1）建立液位示值动画设置。选中图 3.40 中的化学原料液罐 1，单击右键，弹出如图 4.44 所示菜单。

（2）单击动画连接，弹出如图 4.45 所示对话框，在变量名编辑框的"？"内选择

"\\ 本站点 \ 原料油液位"，单击确定完成化学原料液罐 1 液位的动画连接。

　　图 4.44　动画连接下拉式菜单　　　　图 4.45　化学原料罐 1 液位动画连接对话框

　　以同样的方式完成化学原料液罐 2 液位和反应釜液位的动画连接，连接变量分别为"\\ 本站点 \ 化学原料液罐 2 液位"和 \\ "本站点 \ 反应釜液位"。

　　(3) 在工具箱内选择"T"，在化学原料液罐 1 旁边输入字符串"＃＃＃＃"，字符串是任意的，在运行时字符串的内容将被所需要的输出模拟值所替代，如图 4.46 所示。

　　(4) 单击字符串"＃＃＃＃"，弹出动画连接对话框，如图 4.47 所示。

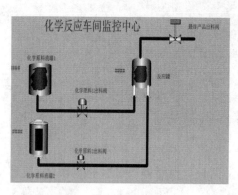

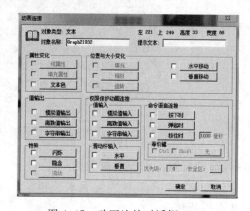

　　图 4.46　输入字符串　　　　　　　图 4.47　动画连接对话框（一）

　　(5) 选择单击动画连接对话框内的"模拟值输出"按钮，弹出模拟值输出连接对话框，如图 4.48 所示。

　　单击"确定"按钮，就完成了动画连接设置，当系统处于运行状态时，文本"＃＃＃＃"将显示化学原料液罐 1 内的实际液位值。

　　(6) 用同样的方法完成"\\ 本站点 \ 化学原料液罐 2 实际液位"和 \\ "本站点 \ 反应釜实际液位"。

（7）设置阀门动画连接，双击"化学原料 1 出料阀"，如图 4.49 所示。

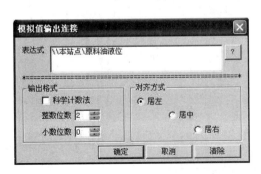

图 4.48　模拟值输出连接对话框　　　　　图 4.49　阀门动画连接对话框

输入变量名"\\ 本站点 \ 化学原料 1 出料阀"。关闭时颜色为红色；打开时颜色为绿色。单击"确定"后完成化学原料 1 出料阀的动画连接。在系统运行过程中，单击阀门，在颜色是绿色时，说明阀门开启；当颜色是红色时，说明阀门关闭。

（8）用同样的方法设置化学原料 2 出料阀和最终产品出料阀的动画设置。

（9）液体流动动画设置如下：

1）在数据词典中设置定义一个内存整型变量如下。

变量名：控制水流。

变量类型：整型变量。

初始值：100。

2）选择单击工具箱中矩形按钮，画一个和管道基本匹配的矩形，然后用拷贝和粘贴来制作一行液体。

3）选中所有的矩形，单击右键，选择"合成组合图素"，将矩形合成一个图素。

4）将矩形图素放在化学原料液罐 1 至反应釜的管道上，如图 4.50 所示，双击矩形图素，弹出动画连接对话框，如图 4.51 所示。

图 4.50　管道中的液体

单击对话框内的"水平移动"按钮，弹出水平移动连接对话框，如图 4.52 所示，在表达式内选择"\\ 本站点 \ 控制流水"整型变量。单击"确定"，控制流水的水平移动连接完成。

在系统运行中，如果不改变其值，初始值永远为 0。为了获得液体流动的动画效果，就需要改变其值。

5）单击"化学反应车间监控中心"画面的任何一处，弹出下拉式菜单，如图 4.53 所示。

单击"画面属性"后弹出如图 4.54 所示画面属性对话框。

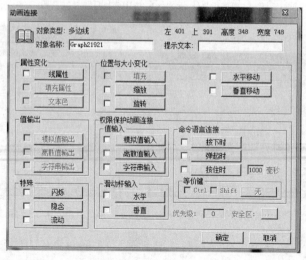

图 4.51 动画连接对话框（二）

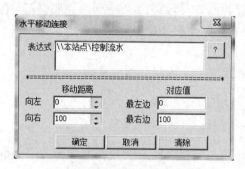

图 4.52 水平移动连接对话框

图 4.53 下拉式菜单

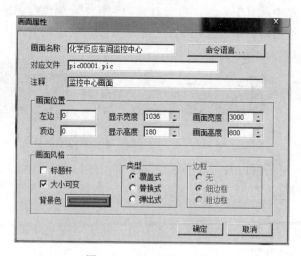

图 4.54 画面属性对话框

　　在画面属性对话框内选择"命令语言"按钮，弹出如图 4.55 所示画面命令语言编辑框。

在画面命令语言编辑框内输入命令如图 4.56 所示。

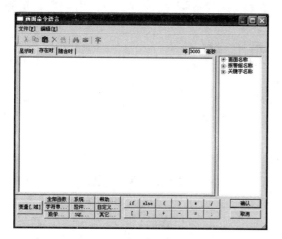

图 4.55 画面命令语言编辑框

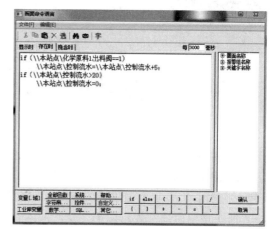

图 4.56 画面命令语言输入

注意，在使用"（）"以及其他符号时，要采用画面命令语言中的符号。

输完命令后单击"确认"后完成。当"化学原料 1 出料阀"开启时，就可以改变"控制流水"变量值，达到控制水流动的目的。

6）用同样的方法对"化学原料液罐 2"至"反应釜"的管道液体流动以及"反应釜"出口管道的液体流动进行设置。

7）设置完成后，单击全部保存，就将整个监控中心的画面以及设置全部保存。

8）将画面转换到"VIEW"，进入运行系统，当打开阀门时就能看到液体流动的画面，从而达到液位监控的目的，如图 4.57 所示。

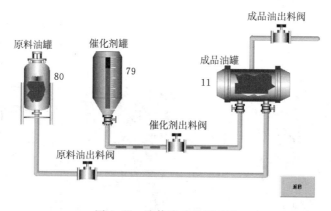

图 4.57 液体流动动画画面

趋 势 曲 线

组态王的实时数据和历史数据除了在画面中以值输出的方式和以报表的形式显示外，还能以曲线的形式表示。组态王的曲线有趋势曲线、温控曲线和 XY 曲线。温控曲线反映出实际测量值按设定曲线变化的情况。在温控曲线中，纵轴代表温度值，横轴对应时间的变化，同时将每一个温度采样点显示在曲线中。主要适用于温度控制、流量控制等。XY 曲线是用曲线来表示两个变量之间的运行关系，例如时间-流量、电流-转速等。趋势分析是控制软件必不可少的功能，趋势曲线有实时趋势曲线和历史趋势曲线两种。本项目着重介绍趋势曲线。

5.1 实 时 趋 势 曲 线

在实时趋势曲线显示坐标中，X 轴代表时间，Y 轴代表变量值。在一个画面中最多可定义不超过四条实时趋势曲线。在趋势曲线中，设计者可以规定时间间距、数据的数值范围、网格分辨率、时间坐标数目、数值坐标数目，以及绘制曲线的"笔"的颜色属性。画面程序运行时，实时趋势曲线可以自动卷动，以快速反应变量随时间的变化。

5.1.1 实时趋势曲线定义

在组态王开发系统中制作画面时，选择菜单"工具实时趋势曲线"项或单击工具箱中的"实时趋势曲线"按钮，此时鼠标在画面中变为"十"形，在画面中用鼠标画出一个矩形，实时趋势曲线就在这个矩形中绘出，如图 5.1 所示。

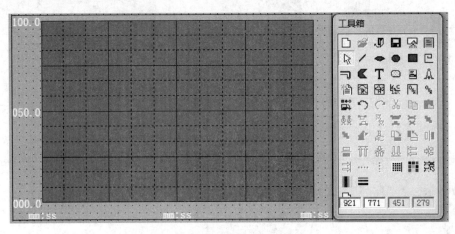

图 5.1 实时趋势曲线显示界面

实时趋势曲线对象的中间有一个带有网格的绘图区域，表示曲线将在这个区域中绘出，网格左方和下方分别是 X 轴（时间轴）和 Y 轴（数值轴）的坐标标注。可以通过选中实时趋势曲线对象（周围出现 8 个小矩形）来移动位置或改变大小，在画面运行时实时趋势曲线对象由系统自动更新。

5.1.2　实时趋势曲线对话框

在图 5.1 区域内，左键双击此对象，弹出如图 5.2 所示的实时趋势曲线对话框。该对话框左上角有两个按钮，分别是"曲线定义"和"标识定义"，两者之间可以切换。

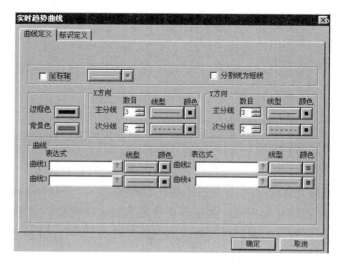

图 5.2　实时趋势曲线对话框

（1）"曲线定义"属性页中的各项含义如下：

1）坐标轴。选择坐标轴的线型、线宽和显示颜色。

2）分割线为短线。选择分割线的类型。选中此项后在坐标上只有很短的主分割线，整个图纸区域接近空白状态，没有网格，同时下面的"次分割线"选择项变灰。

3）边框色、背景色。分别规定绘图区域的边框和背景（底色）的颜色。选择这两个按钮的方法与坐标轴按钮类似，弹出的浮动对话框也与其大致相同，只是没有线型选项。

4）X 方向、Y 方向。X 方向和 Y 方向的主分割线将绘图区划分成矩形网格，次分割将再次划分主分割线划分出来的小矩形。这两种线都可改变线型和颜色。分割线的数目可以通过小方框右边的"加减"按钮增加或减小，也可通过编辑区直接输入。设计者可以根据实时趋势曲线的大小决定分割线的数目，分割线最好与标识定义（标注）相对应。

5）曲线。定义所绘的 1～4 条曲线 Y 坐标对应的表达式，实时趋势曲线可以实时计算表达式的值，所以它可以使用表达式。实时趋势曲线名的编辑框中可输入有效的变量名或表达式，表达式中所用变量必须是数据库中已定义的变量。单击右边的"2"按钮可列出数据库中已定义的变量或变量域供选择，每条曲线可通过右边的"线型"和"颜色"按钮来改变线型和颜色。

（2）单击"标识定义"按钮，弹出的标识定义属性页对话框如图 5.3 所示。其中各项含义如下：

1）标识 X 轴——时间轴、标识 Y 轴——数值轴。选择是否为 X 轴或 Y 轴加标识，即在绘图区域的外面用文字标注坐标的数值，如果此项选中，左边的检查框中有小叉标记，同时下面相应标识的选择项也由灰变亮。

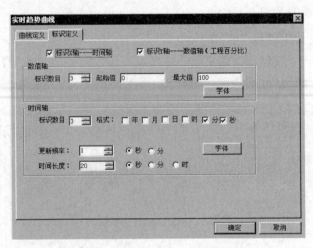

图 5.3　标识定义属性页对话框

2）数值轴（Y 轴）定义区。因为一个实时趋势曲线可以同时显示 4 个变量的变化，而各变量的数值范围可能相差很大，为使每个变量都能表现清楚，组态王中规定，变量在 Y 轴上以百分数表示，即以变量值与变量范围（最大值与最小值之差）的比值表示。所以 Y 轴的范围是 0（0％）～1（100％）。

3）标识数目。数值轴标识的数目，这些标识在数值轴上等间隔。

4）起始值。规定数值轴起点对应的百分比值，最小为 0。

5）最大值。规定数值轴终点对应的百分比值，最大为 100。

6）字体。规定数值轴标识所用的字体。可以弹出 Windows 标准的字体选择对话框。

7）时间轴定义区：

a. 标识数目，时间轴标识的数目，这些标识在数值轴上等间隔。在组态王开发系统中时间是以 yy：mm：dd：hh：mm：ss 的形式表示，在 TouchVew 运行系统中，显示实际的时间，在组态王开发系统画面制作程序中的外观和历史势曲线不同，在两边是一个标识拆成两半，以此与历史趋势曲线加以区别。

b. 格式，时间轴标识的格式，选择显示哪些时间量。

c. 更新频率，TouchVew 时自动重绘一次实时趋势曲线的时间间隔。与历史趋势曲线不同，它不需要指定起始值，因为其时间始终在当前时间到时间长度之间。

d. 时间长度，时间轴所表示的时间范围。

e. 字体，规定时间轴标识所用的字体，与数值轴的字体选择方法相同。

上述标识定义完毕，单击"确定"按钮，关闭对话框，至此即完成实时趋势曲线的参数设置。

在建立实时趋势曲线时，其默认的填充色为"黑色"，X 轴、Y 轴标识都无法显示出来。这时可以先选中"实时趋势曲线"，再单击工具箱中的"显示调色板"按钮，或选择菜单"工具＼显示调色板"选项，弹出"调色板"，在"调色板"顶部的"对象选择"按钮，选择"填充色"按钮，再在"调色板"中选中其他非黑色颜色即可。

5.2　历　史　趋　势　曲　线

组态王提供三种形式的历史趋势曲线。

（1）第一种是从图库管理器中调用已经定义好各功能按钮的历史趋势曲线，对于这种历史趋势曲线，操作人员只需要定义几个相关变量，适当调整曲线外观即可完成历史趋势曲线的复杂功能，这种形式使用简单方便；该曲线控件最多可以绘制 8 条曲线，但该曲线无法实现曲线打印功能。

（2）第二种是调用历史趋势曲线控件，对于这种历史趋势曲线，功能很强大，使用比较简单。通过该控件，不但可以实现组态王历史数据的曲线绘制，还可以实现 ODBC 数据库中数据记录的曲线绘制，而且在运行状态下，可以实现在线动态增加/删除曲线、曲线图表的无级缩放、曲线的动态比较、曲线的打印等，最多可绘制 16 条曲线。

（3）第三种是从工具箱中调用历史趋势曲线，对于这种历史趋势曲线，操作人员需要对曲线的各个操作按钮进行定义，即建立命令语言连接才能操作历史曲线，对于这种形式，操作人员使用时自主性较强，能做出个性化的历史趋势曲线；该曲线控件最多可以绘制 8 条曲线，但该曲线无法实现曲线打印功能。无论使用哪一种历史趋势曲线，都要进行相关配置，主要包括变量属性配置和历史数据文件存放位置配置。

5.2.1　历史趋势曲线配置

（1）定义变量范围。由于历史趋势曲线数值轴显示的数据是以百分比来显示，因此对于要以曲线形式来显示的变量需要特别注意变量的范围。如果变量定义的范围很大，例如－999999～999999，而实际变化范围很小，例如－0.0001～0.0001，曲线数据的百分比数值就会很小，在曲线图表上就会出现看不到该变量曲线的情况。定义变量对话框如图 5.4 所示。

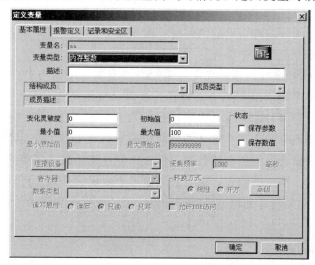

图 5.4　定义变量对话框

（2）对变量作历史记录。对于要以历史趋势曲线的形式显示的变量，都需要对变量作记录。在组态王中，离散型、整型和实型变量支持历史记录，字符串型变量不支持历史记录。组态王的历史记录形式可以分为数据变化记录、定时记录（最小单位为1分钟）和备份记录。记录形式的定义通过变量属性对话框中提供的选项完成。在组态王工程浏览器中单击"数据库"选项，再选择"数据词典"选项，选中要作历史记录的变量，双击该变量进入，则弹出"记录和安全区"对话框，如图5.5所示，各项含义如下：

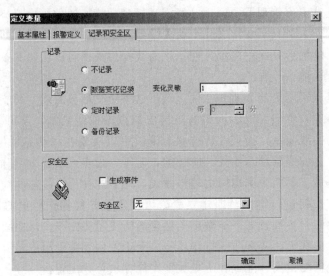

图5.5 记录和安全区属性页对话框

1）不记录。该选项有效时，则该变量值不进行历史记录。

2）数据变化记录。系统运行时，变量的值发生变化，而且当前变量值与上次的值之间的差值大于设置的变化灵敏度时，该变量的值才会被记录到历史记录中。这种记录方式适合于数据变化较快的场合。

3）定时记录。无论变量变化与否，系统运行时按定义的时间间隔将变量的值记录到历史库中，每隔设定的时间对变量的值进行一次记录。最小定义时间间隔单位为1分钟，这种方式适用于数据变化缓慢的场合。

4）备份记录。选择该项，系统在平常运行时，不再直接向历史库中记录该变量的数值，而是通过其他程序调用组态王历史数据库接口，向组态王的历史记录文件中插入数据。在进行历史记录查询时，可以查询到这些插入的数据，这种方式一般用于环境复杂/无人值守的数据采集点等场合。在这些场合使用的有些设备带有一定数量的数据存储器，可以存储一段时间内设备采集点到的数据。但这些设备往往只是简单的记录数据，而不能进行历史数据的查询、浏览等操作，而且必须通过上位机的处理才可以看到。

5）变化灵敏。定义变量变化记录时的阀值。当"数据变化记录"选项有效时，"变化灵敏"这项才有效。

5.2.2 历史趋势曲线控件

KVHTrend 曲线控件是组态王以 Active X 控件形式提供的绘制历史曲线和 ODBC 数

据库曲线的功能性工具，该曲线具有以下特点：

（1）既可以连接组态王的历史数据库，也可以通过 ODBC 数据源连接到其他数据库上，如 Access、SQLServer 等。

（2）连接组态王历史数据库时，可以定义查询数据的时间间隔，如同在组态王中使用报表查询历史数据时使用查询间隔一样。

（3）完全兼容了组态王原有历史曲线的功能。最多可同时绘制 16 条曲线。

（4）可以在系统运行时动态增加、删除、隐藏曲线，还可以修改曲线属性。

（5）曲线图表实现无极限缩放。

（6）可实现某条曲线在某个时间段上的曲线比较。

（7）无效数据不显示。

（8）数值轴可以使用工程百分比标识，也可以用曲线实际范围标识，二者之间自由切换。

（9）曲线支持毫秒级数据。

（10）可直接打印图表曲线。

（11）通过 ODBC 数据源连接数据库时，可以自由选择数据库中记录时间的时区，根据选择时区来绘制曲线。

（12）可以自由选择曲线列表框中的显示内容。

1. 创建历史趋势曲线控件

在组态王开发系统面中，在工具箱中单击"插入通用控件"或选择菜单"编辑＼插入通用控件"，弹出"插入控件"对话框，在列表中选择"历史趋势曲线"，单击"确定"按钮，对话框自动消失，鼠标箭头变小"十"形，在画面上选择控件的左上角，按下鼠标左键并拖动，画面上显示出一个虚线的矩形框，该矩形为创建后的曲线的外框。当达到所需大小时，松开鼠标左键，则历史趋势曲线控件创建成功，画面上显示出该曲线，如图 5.6 所示。

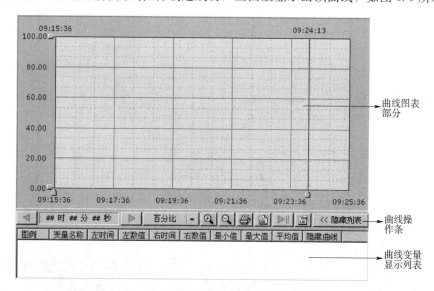

图 5.6 历史趋势曲线控件

2. 设计历史趋势曲线固有属性

历史趋势曲线控件创建完成后，在控件上单击右键，在弹出的快捷菜单中选择"控件属性"命令，弹出历史趋势曲线控件的固有属性对话框，如图 5.7 所示。

历史趋势曲线固有属性有含有五个属性页：曲线、坐标系、预置打印选项、报警区域选项和游标配置选项。

（1）曲线属性页。曲线属性页对话框如图 5.7 所示。图的中下部分"数据源"是说明定义在绘制曲线时历史数据的来源，可以选择组态王的历史数据库或其他 ODBC 数据库为数据源。

曲线属性页中上半部分的"曲线"列表是定义曲线图表初始状态的变量名称、比较曲线、绘制方式等，各项含义如下：

1）显示列表。选中该项，在运行时，曲线窗口下方能显示所有曲线的基本情况列表。在运行时也可以通过按钮控制是否要显示该列表。

2）采样间隔。确定从数据库中读出数据点的时间间隔，可以精确到毫秒。"秒"和"毫秒"不能同时为零，即最小单位为 1 毫秒，该项的选择将影响曲线绘制的质量和系统的效率，当选择的时间单位越小时，绘制的数据点越多，曲线的逼真度越高，但系统效率会有所降低。相反，如果选择的时间单位越大，绘制的数据点越少，曲线的逼真度相对降低。移动曲线时，有时会出现在同一个时间点上的曲线显示不同的情况，但系统效率受影响较小。

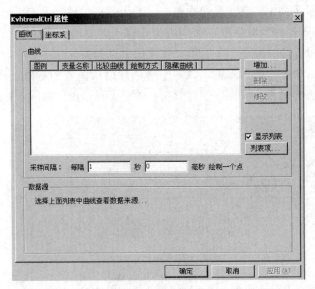

图 5.7 曲线属性页对话框

3）增加。增加变量到曲线图表，并定义曲线绘制方式。单击该按钮，弹出如图 5.8 所示对话框。各部分含义如下：

变量名称：在"变量名称"文本框中输入要添加的变量名称，或在左侧的列表框中选择，该列表框中列出本工程中所有定义了历史记录属性的变量，如果在定义变量属性时没有定义进行历史记录，则此处不会列出该变量，单击鼠标，选中的变量名称就会自动添加到"变量名称"文框中，一次只能添加一个变量，且必须通过单击该画面的"确定"按钮来完成这一条曲线的添加。

线类型：单击"线类型"后的下拉列表框，选择当前曲线的类型。

线颜色：单击"线颜色"按钮，在弹出的调色板中选择当前曲线的颜色。

绘制方式：曲线的绘制方式有四种，即模拟、阶梯、逻辑、棒图，可任选一种。

隐藏曲线：控制运行时是否显示该曲线。在运行时，也可以通过曲线图下方列表中的属性控制显示或隐藏该曲线。

曲线比较：通过设置曲线显示的两个不同时间，使曲线绘制位置有一个时间轴上的平移，这样，在一个变量名代表的两条曲线中，一个是显示与时间轴相同时间的数据，另一个是作比较的曲线显示有时间差的数据（如一天前），从而达到用两条曲线来实现曲线比较的目的。

数据来源：选择曲线使用的数据来源，可同时支持组态王历史库和 ODBC 数据源，若选择 ODBC 数据源，必先配置数据源。

选择完变量并配置完成后，单击"确定"按钮，则曲线名称加到"曲线列表"中。

如上所述，可以增加多个变量到曲线列表中，选择已添加的曲线，则"删除""修改"按钮变为有效。

4）删除。删除当前列表框中选中的曲线。

5）修改。修改当前列表框中选中的曲线。

（2）坐标系属性页。坐标系属性页如图 5.9 所示。该属性页主要包括以下内容：

1）边框颜色和背景颜色。设置曲线图表的边框颜色和图表背景颜色。单击相应按钮，弹出浮动调色板，选择所需颜色。

图 5.8　增加曲线对话框

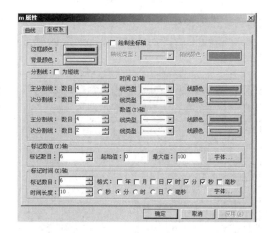

图 5.9　坐标系属性页

2）绘制坐标轴。在图表上绘制坐标轴，单击"轴线类型"列表框选择坐标轴线的线型，单击"轴线颜色"按钮，选择坐标轴线的颜色，绘制出的坐标轴为带箭头的表示 X、Y 方向的直线。

3）分割线。定义时间轴、数值轴主次分割线的数目、线的类型、线的颜色等。如果选择的分割线是"为短线",则定义的主分割线变为坐标轴上的短线,曲线图表不再是被分割线分割的网状结构,如图5.10所示,此时,次分割线不再起作用,其选项也变为灰色无效。

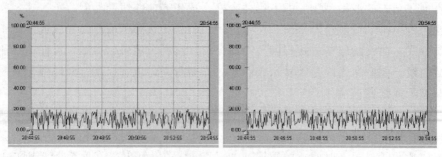

图5.10 分割线与分割线为短线的效果

4)时间(X)轴。"标记数目"编辑框中定义时间轴上的标记个数。通过选择"格式"选项,选择时间轴显示的时间格式。"时间长度"编辑框定义起始显示时图表所显示的时间段的长度,单击"字体"按钮,弹出字体、字形、字号选择对话框,选择时间轴标记的字体及颜色等。所有定义完成后,单击"确定"按钮返回。

5)数值(Y)轴。"标记数目"编辑框中定义数值轴上的标记个数。"起始值""最大值"编辑框定义起始显示的值的百分比范围(0~100%),单击"字体"按钮,弹出字体、字形、字号选择对话框,选择数值轴标记的字体及颜色等。

(3)预置打印选项属性页。预置打印选项属性页如图5.11所示。该属性页主要包括以下内容:

1)是否打印子标题:"√"打印标题,此时要在"标题:"栏内写上需要打印的标题。

2)是否打印子标题:"√"为打印子标题,此时要在"子标:"栏内写上需要打印的子标题。在子标题的下方有"子标题位置:"一栏,可用下拉菜单选择子标题的打印位置。

(4)报警区域选项属性页。报警区域选项属性页如图5.12所示。可根据报警需要选择各项。

图5.11 预置打印选项属性页

图5.12 报警区域选项属性页

（5）游标配置选项属性页。游标配置选项属性页如图 5.13 所示。该属性页主要定义左、右游标有关信息，如曲线数值是否显示、移动游标时是否显示数值等。

3. 设置历史趋势曲线的动画连接属性

以上所述为设置历史趋势曲线的固有属性，在使用该历史趋势曲线时必定要使用到这些属性，由于该历史趋势曲线以控件形式出现，因此，该曲线还具有控件的属性，即可以定义"属性"和"事件"。该历史趋势曲线的具体"属性"和"事件"详述如下：

用鼠标选中并双击该控件，弹出动画连接属性对话框，如图 5.14 所示。动画连接属性共有三个属性页，分别是"常规""属性""事件"。

图 5.13　游标配置选项属性页

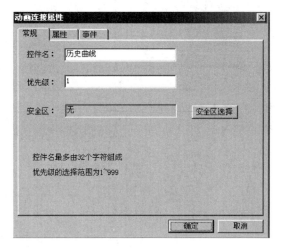

图 5.14　动画连接属性对话框

（1）常规。常规属性页如图 5.14 所示。

1）控件名。定义该控件在组态王中的标识名，如"历史曲线"，该标识名在组态王当前工程中是唯一的。

2）优先级、安全区。定义控件的安全性，在运行时，当操作人员满足定义的权限时才能操作该历史趋势曲线。

（2）属性。在动画连接属性对话框中，单击"属性"按钮，进入属性设置页，如图 5.15 所示。

（3）事件。在动画连接属性对话框中，单击"事件"按钮，进入事件设置页，如图 5.16 所示，事件是定义控件的事件函数和历史趋势曲线的详细事件。

（4）运行时修改历史曲线控件属性，历史趋势曲线属性定义完成后，进入组态王运行系统，运行系统的历史势曲线如图 5.17 所示。

1）数值轴指示器的使用。拖动数值轴（Y 轴）指示器，可以放大或缩小曲线在 Y 轴方向的长度，一般情况下，该指示器标记为当前图表中变量量程的百分比。

2）时间轴指示器的使用。时间轴指示器所获得的时间字符串显示在时间指示器的顶部，时间轴指示器可以配合函数等获得曲线某个时间点上的数据。

3）工具条的使用。曲线图表的工具条是用来查看变量曲线详细情况的。工具条的具体作用可以通过将鼠标放到按钮上弹出的提示文本看到，如图 5.18 所示。

调整跨度设置按钮如图 5.19 所示。

单击图 5.19 中的按钮，弹出如图 5.20 所示的对话框，修改当前跨度时间设定值。

图 5.15 属性设置页　　　　　　　　图 5.16 事件设置页

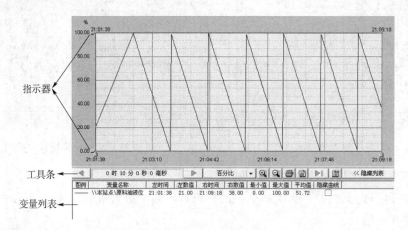

图 5.17 运行时历史趋势曲线控件

图 5.18 图标工具条

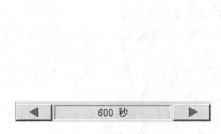

图 5.19 调整跨度设置按钮

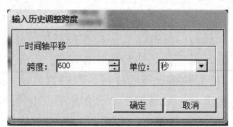

图 5.20 修改调整跨度

在"单位"列表框中选择跨度的时间单位，有日、时、分、秒、毫秒。在"跨度"编辑框中输入时间跨度的数值。

设置 Y 轴标记按钮如图 5.21 所示。

鼠标单击按钮右侧的下拉箭头，弹出如图 5.22 所示的列表框。

选择列表中的"百分比"，曲线的 Y 轴按照百分比标记。选择"实际值"，曲线的 Y 轴按照实际值标记。选择自动调整实际值，曲线按照查询时间段内的最大值最小值自动调整。数值轴标记按照当前曲线（在曲线变量列表中选中的曲线为当前曲线）的最大值最小值显示。

图 5.21　设置 Y 轴标记

图 5.22 所示列表中的直线代表控件曲线列表中的曲线。操作人员可以修改 Y 轴的标记值为控件曲线列表中某一条曲线的量程。修改方法为：在图 5.22 所示的列表框中选择相应颜色的曲线，弹出如图 5.23 所示的对话框，该对话框用来设置数值轴标记显示的小数位数。

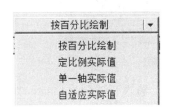

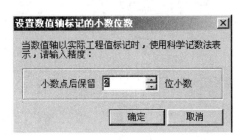

图 5.22　设置 Y 轴标记　　　　图 5.23　设置数值轴标记的小数位数

单击"确定"按钮，则数值轴标记变为当前选定的曲线变量的量程范围，标记字体颜色也相应变为当前选定曲线的颜色，如图 5.24 所示。

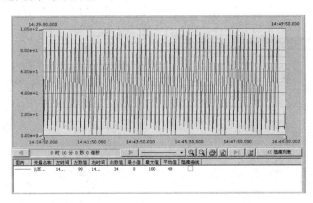

图 5.24　修改数值轴标记为变量实际量程

打印曲线：单击按钮 弹出打印属性对话框，如图 5.25 所示。选择打印机，单击"属性"按钮，设置打印属性、纸张大小、打印方向等。可以将当前图表中显示的曲线及坐标系打印出来。

定义新曲线：单击按钮  弹出增加曲线对话框，如图 5.26 所示。选择需要增加曲线的变量名称，定义其绘制属性，单击"确定"按钮，在曲线图表中增加一条曲线。

更新曲线图表终止时间为当前时间：单击按钮　▶‖　将曲线图表的终止时间更新为当前时间。

图 5.25　打印属性对话框

设置图表数值轴和时间轴参数：单击按钮 弹出输入新参数对话框，如图 5.27 所示。修改时间轴的起止时间范围和数值轴范围，以及游标的显示方式。

图 5.26　增加曲线对话框

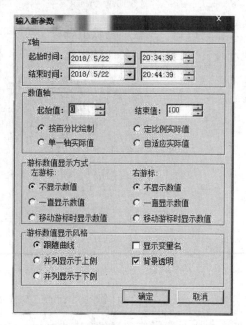

图 5.27　输入新参数对话框

隐藏/显示变量列表：单击按钮 << 隐藏列表 或 显示列表 >> 可以隐藏显示曲
线变量列表。

曲线变量列表主要显示当前曲线图表中所显示的曲线及
所对应的变量信息，显示的信息内容由开发系统设置控件属
性时，"曲线属性"页的列表项控制。

在变量列表上单击右键或选中某条列表项，单击右键，
弹出如图 5.28 所示的快捷菜单。

增加曲线：增加一条曲线到当前曲线图表。

删除曲线：删除当前列表中选中的曲线。

修改曲线属性：修改当前选中的曲线绘制属性。

添加历史库曲线(A)
添加工业库曲线(R)
添加数据库曲线(B)
删除曲线(D)
修改曲线属性(U)

图 5.28　快捷菜单

5.3　项　目　实　例

5.3.1　创建实时趋势曲线

实时趋势曲线定义过程如下：

（1）新建一画面，名称为趋势曲线画面。

（2）选择工具箱中的"T"工具，在画面上输入文字为"实时趋势曲线"。

（3）选择工具箱中的"实时趋势曲线"工具，在画面上绘制一实时趋势曲线窗口，如
图 5.29 所示。

（4）双击"实时趋势曲线"对象，弹出"实时趋势曲线"设置窗口，在"曲线"定义
属性页，单击"曲线 1"编辑框后的按钮，在弹出的"选择变量名"对话框中选择需显示
的变量名。

（5）设计完毕后单击"确定"按钮，关闭对话框。

（6）单击"文件"菜单中的"全部存"命令，保存所作的设置。

（7）单击"文件"菜单中的"切换到 VIEW"命令，进入运行系统，通过运行界面
"画面"菜单中的"打开"命令将"实时势曲线面面"打开后可看到连接变量的实时趋势
曲线，如图 5.30 所示。

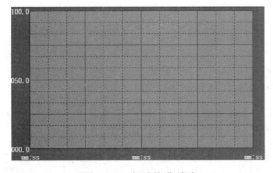

图 5.29　实时势曲线窗口

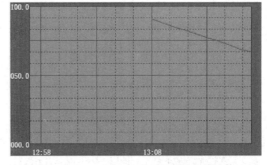

图 5.30　运行中的实时趋势曲线

5.3.2 创建历史趋势曲线

1. 历史趋势曲线的定义

在组态王开发系统中制作画面时，选择菜单"图库＼打开图库"项，弹出"图库管理器"，单击"图库管理器"中的"历史曲线"，在图库窗口内用鼠标左键双击历史曲线（如果图库窗口不可见，按 F2 键激活它），然后图库窗口消失，鼠标在画面中变为直角符号"┏"，鼠标移动到画面上适当位置，单击左键，历史曲线就复制到画面上了，如图 5.31 所示。拖动曲线图素四周的矩形柄，可以任意移动、缩放历史曲线。

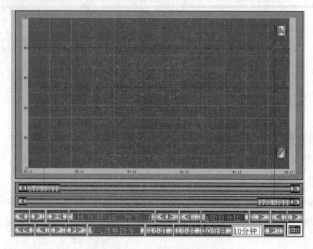

图 5.31 历史趋势曲线

历史趋势曲线对象的上方有一个带有网格的绘图区域，表示曲线将在这个区域中绘出，网格左方和下方分别是 X 轴（时间轴）和 Y 轴（数值轴）的坐标标注。

曲线的下方是指示器和两排功能按钮。可以通过选中历史趋势曲线对象（周围出现 8 个小矩形）来移动位置或改变大小，通过定义历史趋势曲线的属性可以定义曲线、功能按钮的参数，改变趋势曲线的笔属性和填充属性等，笔属性是趋势曲线边框的颜色和线型，填充属性是边框和内部网格之间的背景颜色和填充模式。

2. 历史趋势曲线对话框

生成历史趋势曲线对象后，在对象上双击鼠标左键，弹出历史趋势曲线对话框，历史趋势曲线对话框由三个属性卡片"曲线定义""坐标系"和"操作面板和安全属性"组成，如图 5.32 所示。

曲线定义属性有如下选项：

（1）历史趋势曲线名：定义历史趋势曲线在数据库中的变量名（区分大小写），引用历史趋势曲线的各个域和使用一些函数时需要此名称。

（2）曲线 1~8：定义历史趋势曲线绘制的 8 条曲线对应的数据变量名。数据变量名必须是在数据库已定义的变量，不能使用表达式和域，并且定义变量时在"变量属性"对话框中选中了"是否记录"选择框，因为组态王只对这些变量作历史记录，单击右边的"?"按钮可列出数据库中已定义的变量供选择，每条曲线可由右边的"线条类型"和"线条颜色"选择按钮分别选择线条颜色。进入运行系统后，画面如图 5.33 所示。

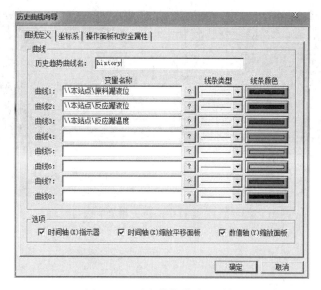

图 5.32　历史趋势曲线对话框

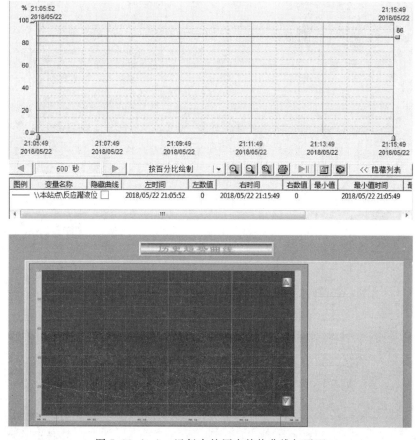

图 5.33（一）　运行中的历史趋势曲线与画面

图 5.33（二） 运行中的历史趋势曲线与画面

命 令 语 言

组态王命令语言是一种在语法上类似 C 语言的程序，设计者可以利用这些程序来增强应用程序的灵活性，处理一些算法和操作等。

6.1 命 令 语 言 类 型

命令语言都是靠事件触发执行的，如定时、数据的变化、键盘的按下，鼠标的点击等。根据事件和功能的不同，包括应用程序命令语言、数据改变命令语言、事件命令语言、热键命令语言、自定义函数命令语言、画面命令语言和动画连接命令语言等。具有完备的词法语法查错功能和丰富的运算符、数学函数、字符串函数、控件函数、SQL 函数和系统函数。各种命令语言通过"命令语言编辑器"编辑输入，在组态王运行系统中被编译执行。

应用程序命令语言、热键命令语言、事件命令语言、数据改变命令语言可以称为"后台命令语言"，它们的执行不受画面打开与否的限制，只要符合条件就可以执行。另外可以使用运行系统中的菜单"特殊/开始执行后台任务"和"特殊/停止执行后台任务"来控制所有这些语言是否执行，而画面和动画的连接命令语言的执行不受影响。也可以通过修改系统量"$ 启动后台命令语言"的值来实现上述控制，该值置 0 时停止执行，置 1 时开始执行。

6.1.1 应用程序命令语言

在工程浏览器的目录显示区，选择"文件/命令语言/应用程序命令语言"，则在右边内容显示区出现"请双击这儿进入〈应用程序命令语言〉对话框 ..."图标，如图 6.1 所示。

双击该图标，则弹出"应用程序命令语言"对话框，如图 6.2 所示。

在输入命令语言时，除汉字外，其他关键字，如标点符号必须以英文状态输入。应用程序命令语言是指在组态王运行系统应用程序启动时，运行期间和程序退出时执行的命令语言程序，如果是在运行系统运行期间，该程序按照指定时间间隔定时执行。

如图 6.3 所示，当选择"运行时"标签，会有输入执行周期的编辑框"每××毫秒"，输入执行周期，则在系统运行时，无论是否打开画面，都将按照该时间周期性执行这段命令语言程序。

选择"启动时"标签，在该编辑器中输入命令语言程序，该段程序只在运行系统程序启动时执行一次。

选择"停止时"标签，在该编辑器中输入命令语言程序，该段程序只在运行系统程序

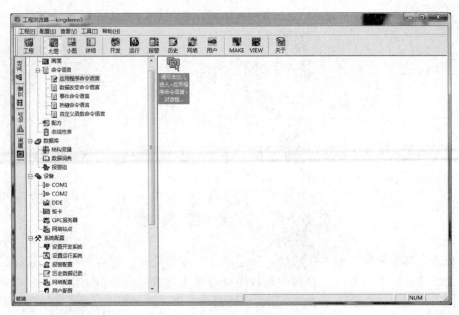

图 6.1 选择应用程序命令语言

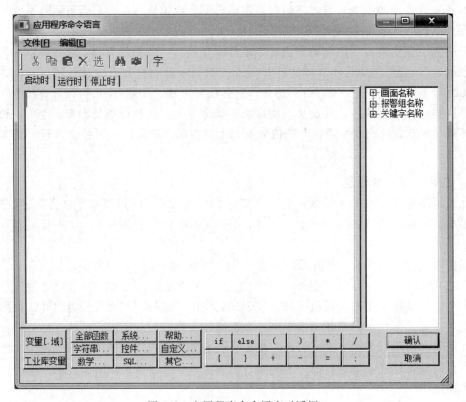

图 6.2 应用程序命令语言对话框

退出时执行一次。

命令语言程序只能定义一个。

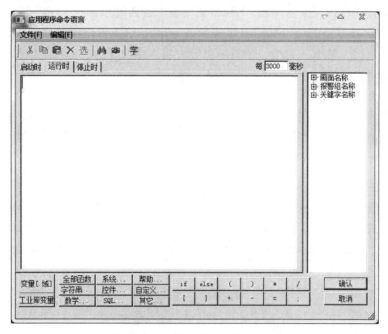

图 6.3　应用程序命令语言运行时

6.1.2　数据改变命令语言

在工程浏览器中选择命令语言——数据改变命令语言，在浏览器右侧双击"新建…"按钮，弹出数据改变命令语言编辑器，如图 6.4 所示，数据改变命令语言触发的条件为连接的变量或变量的域的值发生了变化。

图 6.4　数据改变命令语言编辑器

在命令语言编辑器"变量［域］"编辑框中输入或通过单击"？"按钮来选择变量名称（如原料罐液位）或变量的域（如原料罐液位 Alarm）。这里可以连接任何类型的变量和变量的域，如离散型、整型、实型、字符串型等。当连接的变量的值发生变化时，系统会自动执行该命令语言程序。

数据改变命令语言可以按照需要定义多个。

需要注意的是，在使用"数据改变命令语言"过程中要防止死循环。例如，变量 A 变化引发数据改变命令语言程序中含有命令 B＝B＋1，若用 B 变化再引发事件命令语言或数据改变命令语言的程序中不能再有类似 A＝A＋1 的命令。

6.1.3 事件命令语言

事件命令语言是指当规定的表达式的条件成立时执行的命令语言。如某个变量等于定值，某个表达式描述的条件成立。在工程浏览器中选择命令语言——事件命令语言，在浏览器右侧双击"新建…"弹出事件命令语言编辑器，如图 6.5 所示。事件命令语言有三种类型。

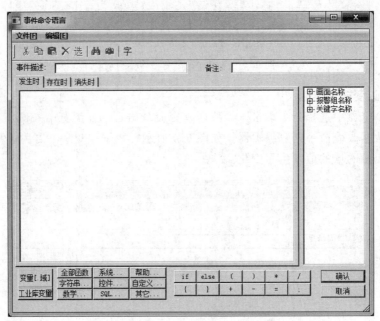

图 6.5 事件命令语言编辑器

（1）发生时：事件条件初始成立时执行一次。

（2）存在时：事件存在时定时执行，在"每××毫秒"编辑框中执行周期，则当事件条件成立存在期间周期性执行命令语言，如图 6.6 所示。

（3）消失时：事件条件由成立变为不成立时执行一次。

（4）事件描述：指定命令语言执行的条件。

（5）备注：对该命令语言作一些说明性的文字。

6.1.4 热键命令语言

"热键命令语言"连接到人员指定的热键上，软件运行期间，使用者随时按下键盘上

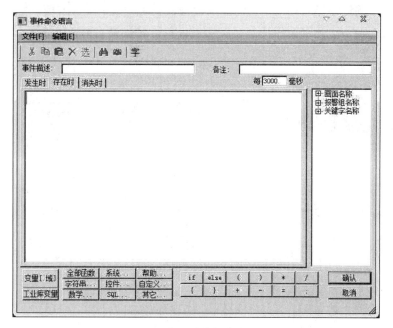

图 6.6　存在时事件命令语言

相应的热键就可以启动这段命令语言程序。热键命令语言可以指定使用权限和操作安全区。输入"热键命令语言"时，在工程浏览器的目录显示区，选择"文件/命令语言/热键命令语言"，双击右边的内容显示区出现"新建…"图标，弹出热键命令语言编辑器，如图 6.7 所示。

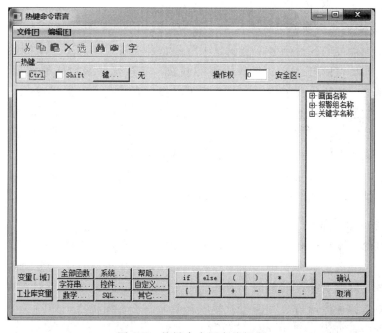

图 6.7　热键命令语言编辑器

热键定义，当 Ctrl 和 Shift 左边的复选框被选中时，表示此键有效。

热键定义区的右边为键按钮选择区，用鼠标单击此按钮，则弹出如图 6.8 所示的热键定义对话框。

选择键.				关闭
BackSpace	Home	Numpad1	Multiply	F4
Tab	Left	Numpad2	Add	F5
Clear	Up	Numpad3	Separator	F6
Enter	Right	Numpad4	Subtract	F7
Esc	Down	Numpad5	Decimal	F8
Space	PrtSc	Numpad6	Divide	F9
PageUp	Insert	Numpad7	F1	F1
PageDown	Del	Numpad8	F2	F1
End	Numpad0	Numpad9	F3	F1

图 6.8 热键定义对话框

在此对话框中选择一个键，则此键被定义为热键，还可以与 Ctrl 和 Shift 形成组合键。

热键命令语言可以定义安全管理，安全管理包括操作权限和安全区，两者可以单独使用，也可以合并使用。如设置操作权限为 918，只有操作权限大于等于 918 的操作员登录后按下热键时，才会激发命令语言的执行。

6.1.5 自定义函数命令语言

如果组态王提供的各种函数不能满足工程的特殊需要，组态王还可提供用户自定义函数功能。操作人员可以自己定义各种类型的函数，通过这些函数能够实现工程的特殊需要。如特殊算法、模块化的公用程序等，都可以通过自定义函数来实现。

自定义函数是利用类似 C 语言来编写的一段程序，其自身不能直接被组态王触发调用，必须通过其他命令语言来调用执行。

编辑自定义函数时，在工程浏览器的目录显示区，选择"文件/命令语言/自定义函数命令语言"在右边的内容显示区出现"新建…"图标，用左键双击此图标，将出现自定义函数命令语言编辑器，如图 6.9 所示。

6.1.6 画面命令语言

画面命令语言就是与画面显示是否相关的命令语言程序。画面命令语言定义在画面属性中，打开一个画面，选择菜单"编辑/画面属性"，或用鼠标右键单击画面，在弹出的快捷菜单中选择"画面属性"菜单项，或按下＜Ctrl＞＋＜W＞键，打开画面属性对话框，在对话框上单击"命令语言…"按钮，弹出画面命令语言编辑器，如图 6.10 所示。

画面命令语言分为三个部分：

（1）显示时：打开或激活画面为当前画面，或画面由隐含变为显示时执行一次。

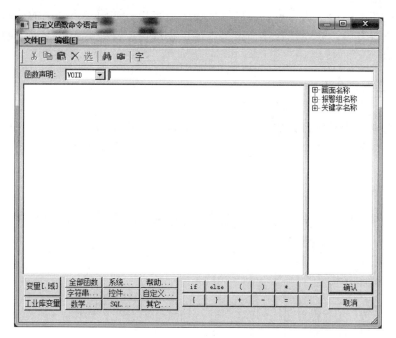

图6.9 自定义函数命令语言编辑器

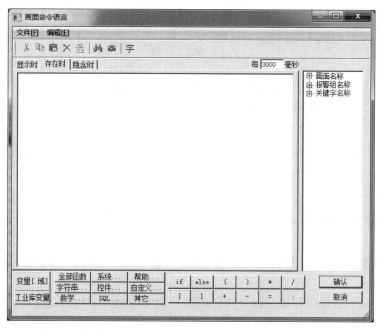

图6.10 画面命令语语言编器

（2）存在时：画面在当前显示时，或画面由隐含变为显示时周期性执行，可以定义指定执行周期，在"存在时"中的"每××毫秒"编辑框中输入执行的周期时间。

（3）隐含时：画面由当前激活状态变为隐含或被关闭时执行一次。

只有画面被关闭或被其他画面完全遮盖时，画面命令语言才会停止执行。

只与画面相关的命令语言可以写到画面命令语言里，如画面上动画的控制等，而不必写到后台命令语言中，如应用程序命令语言等，这样可以减轻后台命令语言的压力，提高系统运行效率。

6.1.7　动画连接命令语言

对于图素，有时一般的动画连接表达式完成不了的工作，而程序只需要单击一下画面上的按钮等图素就能够执行，如单击一个按钮，执行一连串的动作或执行一些运算、操作等。这时可以使用动画连接命令语言，该命令语言是针对画面上的图素的动画连接的，组态王中的大多数图素都可以定义动画连接命令语言。如在画面上放置一个按钮，双击该按钮，弹出动画连接对话框，如图 6.11 所示。

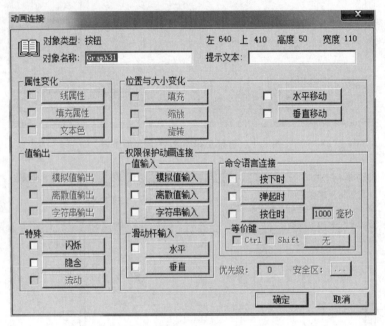

图 6.11　图素动画连接对话框中的命令语言连接

在"命令语言连接"选项中包含如下三个选项：

（1）按下时：当鼠标在该按钮上按下时，或与该连接相关联的热键按下时执行一次。

（2）弹起时：当鼠标在该按钮上弹起时，或与该连接相关联的热键弹起时执行一次。

（3）按住时：当鼠标在该按钮上按住，或与该连接相关联的热键按住，没有弹起时周期性执行这段命令语言。按住时命令语言连接可以定义执行周期，在按钮后面的"毫秒"标签编辑框中，输入按钮被按住时命令语言执行的周期。

单击上述任何一个按钮都会弹出动画连接命令语言编辑器，如图 6.12 所示。其用法与其他命令语言编辑器用法相同。

动画连接命令语言可以定义关联的动作热键，如图 6.12 所示，单击"等价键"中的"无"按钮，可以选择关联的按键，也可以选择 Ctrl 键、Shift 键与其组成组合键。运行

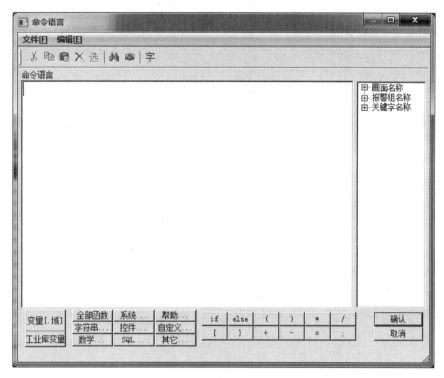

图 6.12　动画连接命令语言编辑器

时，按下此热键，效果同在按钮上按下鼠标键相同。

　　定义有动画连接命令语言的图素可以定义操作权限和安全区，只有符合安全条件的操作人员登录，才可以操作该按钮。

6.2　命令语言执行中跟踪变量值

　　命令语言一旦运转起来，往往看到的是最终的结果，如果结果出现差错，就需要查看命令语言的执行过程——调试命令语言。组态王提供了一个函数——Trace（），该函数可以将规定的信息发送到组态王信息窗口中，类似于程序的调试，根据这些信息，操作人员可以了解到命令语言执行的过程和期间变量的值。该函数可以添加到命令语言程序的任何需要跟踪的位置，当命令语言调试完成后，可以将其删除。

6.3　自　定　义　变　量

　　自定义变量是指在命令语言里单独指定类型的变量，这些变量的作用域为当前命令语言，在命令语言里，可以参加运算、赋值等。当该命令语言执行完成后，自定义变量的值随之消失，相当于局部变量。自定义变量不被计算在组态王的点数之中，适用于应用程序命令语言、事件命令语言、数据改变命令语言、热键命令语言、自定义函数、画面命令语言、动画连接命令语言、控制事件函数等。自定义变量功能的提供可以极大地方便操作人员编写程序。

自定义变量的类型有 BOOL（离散型）、LONG（长整型）、FLOAT（实数型）、STRING（字符串型）和自定义结构变量类型。其在命令语言中的使用方法与组态王变量相同。

需要注意，自定义变量在使用之前必须要先自定义。自定义变量没有"域"的概念，只有变量的值。

在结构变量中定义一个结构，如图 6.13 所示。设计一个求原料罐上、罐下平均温度的自定义函数。

函数返回值类型为：FLOAT。

函数名称及参数表为：平均温度（原料罐 yuanliao1）。

函数体程序为：

Float 平均温度 1；

　　　平均温度 1＝（yuanliao1. 原料罐上部温度＋yuanliao1. 原料罐下部温度）/2

Return 平均温度 1；

其中"原料罐"定为已定义的结构；"yuanliao1"为自定义结构变量，它继承原结构的所有成员作为自己的成员；"平均温度 1"为自定义变量，作为函数的返回值。

图 6.13 结构变量

6.4 命令语言函数及使用方法

组态王支持使用内建的复杂函数，其中包括字符串函数、数学函数、系统函数、控件函数、报表函数及其他函数，这些函数的具体使用方法参考命令语言函数手册。

6.5　项　目　实　例

6.5.1　实现画面切换功能

利用系统提供的"菜单"工具和 ShowPicture（）函数能够实现在主画面中切换到其他任一画面的功能。具体操作如下：

（1）选择工具箱中的"菜单"工具，将鼠标放到监控画面的任一位置并按住鼠标左键画一个按钮大小的菜单对象，双击出现菜单定义对话框，对话框设置如图 6.14 所示。

（2）菜单项输入完成后单击"命令语言"按钮，弹出命令语言编辑框，在编辑框中输入如下命令语言，菜单命令语言对话框如图 6.15 所示。

（3）单击"确认"按钮关闭对话框，当系统进入运行状态时，单击菜单中的每一项，进入相应界面中。

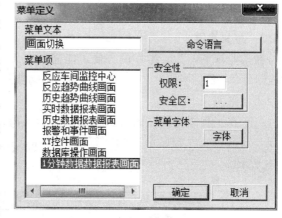

图 6.14　菜单定义对话框

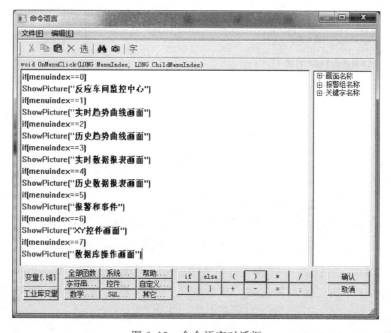

图 6.15　命令语言对话框

6.5.2　如何退出系统

如何退出组态王运行系统返回到 Windows，可以通过 Exit（）函数来实现。

（1）选择工具箱中的"按钮"工具，在画面上绘制一个按钮，选中按钮并单击鼠标右键，在弹出的下拉菜单中执行"字符串替换"命令，设置按钮文本为系统退出。

（2）双击按钮，弹出动画连接对话框，在此对话框中选择"弹起时"选项弹出命令语言对话框，在编辑框中输入如下命令语言：

Exit（0）；

（3）单击"确认"按钮关闭对话框，当系统进入运行状态时单击此按钮系统将退出组态王运行环境。

6.5.3 定义热键

在工业现场，为了操作的方便可能需要定义一些热键，当某键被按下时系统执行响应的控制命令，例如当按下 F1 时，原料油出料阀被开启或关闭，这可以使用命令语言——热键命令语言来实现。

（1）在工程浏览器左侧的工程目录显示区内选择"命令语言"下的"热键语言命令"选项，双击目录内容显示区的"新建"图标，弹出"热键命令语言"编辑对话框，如图6.16 所示。

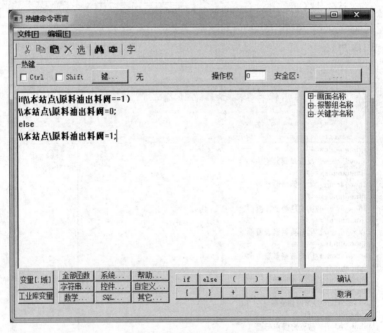

图 6.16　热键命令语言对话框

（2）对话框中单击"键…"按钮，在弹出的"选择键"对话框中选择"F1"键后关闭对话框。

（3）在命令语言编辑区中输入如下命令语言：

If(\\本站点\原料油出料阀＝＝1)

　\\ 本站点\原料油出料阀＝0；

else

\\本站点\原料油出料阀＝1；

（4）单击"确认"按钮关闭对话框。当系统进入运行状态时，按下"F1"键执行上述命令语言：首先判断原料油出料阀的当前状态，如果是开启的则将其关闭，否则将其打开，从而实现了开关的切换功能。

报 表 系 统

数据报表是反映生产过程中的数据、状态等，并对数据进行记录的一种重要形式，是生产过程必不可少的一个部分。它既能反映系统实时的生产情况，也能对长期的生产过程进行统计、分析，使管理人员能够实时掌握和分析生产情况。组态王不仅提供了内嵌式报表系统，实现任意设置报表格式和对报表进行组态，还提供了丰富的报表函数，实现各种运算、数据转换、统计分析、报表打印等。既可以制作实时报表，也可以制作历史报表。另外，操作人员还可以制作各种报表模板，实现多次使用，以免重复工作。

7.1 创 建 报 表

7.1.1 创建报表窗口

进入组态王开发系统，创建一个新的画面，在组态王工具箱按钮中，用鼠标左键单击

图 7.1 工具箱按钮

"报表窗口"按钮，如图 7.1 所示，此时，鼠标箭头变为小"十"字形，在画面上需要加入报表的位置按下鼠标左键并拖出，画一个矩形，松开鼠标键，报表窗口创建成功，如图 7.2 所示，鼠标箭头移动到报表区域周边，当鼠标形状变为双"十"字形箭头时，按下左键，可以拖动表格窗口，改变其在画面上的位置。将鼠标挪到报表窗口边缘带箭头的小矩形上，这时鼠标箭头形状变为与小矩形内箭头方向相同，按下鼠标左键并拖动，可以改变报表窗口的大小。当在画面中选中报表窗口时，会自动弹出报表工具箱，不选择时，报表工具箱自动消失。

7.1.2 配置报表窗口的名称及格式套用

组态王中每个报表窗口都要定义一个唯一的标识名，该标识名的定义应符合组态王的命名规则，标识名字符串的最大长度为 31。

图 7.2 创建后的报表窗口

用鼠标双击报表窗口的灰色部分（表格单元格区域外没有单元格的部分），弹出"报表设计"对话框，如图 7.3 所示。该对话框主要设置报表的名称、报表表格的行列数目以及选择套用表格的样式。

　　报表设计对话框各项含义如下：

　　（1）报表控件名。在"报表控件名"文本框中输入报表的名称，如"Report0"报表名称不能与组态王的任何名称、函数、变量名关键词等相同。

　　（2）表格尺寸。在行数、列数文本框中输入所要制作的报表的大致行列数（在报表组态期间均可以修改）默认为 5 行 5 列，行数是大值为 20000 行，列数最大值为 52 列。行用数字"1、2、3、…"表示，列用英文字母"A、B、C、D、…"表示。单元格的名称定义为"列标＋行号"，如"a1"表示第一行第一列的单元格。列标使用时不区分大小写，如"A1"和"a1"都可以表示第一行第一列的单元格。

　　（3）调用报表格式。操作人员可以直接使用已定义的报表模板，而不必再重新定义相同的表格格式，单击"表格样式"按钮，弹出"报表自动调用格式"对话框，如图 7.4 所示。如果操作人员已经定义过报表格式，则可以在左侧的列表框中直接选择报表格式，而在右侧的表格中可以预览当前选中的报表格式，调用后的格式操作人员可按照自己的需要进行修改，在这里，操作人员可以对报表的调用格式列表进行添加或删除。

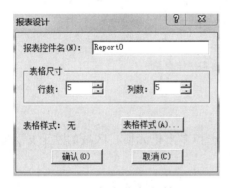

图 7.3　报表设计对话框　　　　　　图 7.4　报表自动调用格式对话框

　　（4）添加报表调用格式。单击"请选择模板文件："后的"…"按钮，弹出文件选择对话框，操作人员选择一个自制的报表模板（＊.rtl 文件），单击"打开"按钮，报表模板文件的名称及路径显示在"请选择模板文件："文本框中，在"自定义格式名称："文本框中输入当前报表模板被定义为表格格式的名称，如"格式 1"，单击"添加"按钮将其加入到格式列表框中，供操作人员调用。

　　（5）删除报表调用格式。从列表框中选择某个报表格式，单击"删除"按钮，即可删除不要的报表格式。删除调用格式不会删除报表模板文件。

　　（6）预览报表调用格式。在格式列表框中选择一个格式项，则其格式显示在右边的表格框中定义完成后，单击"确认"按钮完成操作，单击"取消"按钮取消当前的操作。"调用报表格式"可以将常用的报表模板格式集中在这里，供随时调用，而不必在使用时再去一个个查找模板。

　　调用报表格式的作用类似于报表工具箱中的"打开"报表模板功能，二者都可以在报表组态期间进行调用。

7.2　报　表　组　态

7.2.1　认识报表工具箱与快捷菜单

报表创建完成后，呈现出的是一张空表或有调用格式的报表。还要对其进行加工，即报表组态。报表的组态包括设置报表格式、编辑表格中显示内容等，进行这些操作需通过"报表工具箱"中的工具或单击鼠标右键弹出的快捷菜单来实现，如图 7.5 所示。

图 7.5　报表工具箱和快捷菜单

7.2.2　报表的其他快捷编辑方法

报表的其他编辑方法如下：

（1）鼠标左键单击某个单元格后拖动则为选择多个单元格。区域的左上角为当前单元格。

（2）鼠标左键单击固定行或固定列（报表中标识行号列标的灰色单元格）为选择整行或整列，单击报表左上角的固定单元格为全选报表单元格。

（3）单击报表左上角的固定单元格为选择整个报表。

（4）允许在获得焦点的单元格直接输入文本。用鼠标左键单击单元格或双击单元格使输入光标位于该单元格内，然后输入字符。按下回车键或鼠标左键单击其他单元格为确认输入，Esc 键取消本次输入。

（5）允许通过鼠标拖动改变行高、列宽。将鼠标移动到固定行或固定列之间的分割线上，鼠标形状变为双向黑色箭头时，按下鼠标左键拖动，修改行高、列宽。

（6）单元格文本的第一个字符若为"＝"，则其他的字符为组态王的表达式，该表达式允许由已定义的组态王的变量、函数，报表单元格名称等组成，否则为字符串。

7.2.3　设置报表格式

在报表工具箱中单击"设置单元格格式"按钮或在菜单中选择"设置单元格格式"项，弹出设置单元格格式对话框，如图 7.6 所示。

设置单元格格式对话框包括数字、字体、对齐、边框、图案五个属性页。

（1）数字属性页。设置选中的单元格中的数值类型，从"分类"列表框中选择，运行时有效。

1）常规，如图 7.6 所示，单元格不包括任何特殊的格式。

2）数值，如图 7.7 所示，单元格中为数值时，可以设置显示时的数值小数点位数，选择"千分位分隔符"选项，当数值位数较多时，自动添加千分位分隔符，仅在单元格显示数值时有效。

图 7.6　设置单元格格式对话框

图 7.7　数值对话框

3）日期，如图 7.8 所示，当单元格需要显示日期的特殊形式，仅在设置了日期函数 Date（参见组态王报表函数）的单元格中有效，可以任选其一。

4）时间，如图 7.9 所示，当单元格需要显示时间的特殊形式，仅在设置了时间函数 Time（参见组态王报表函数）的单元格中有效，可以任选其一。

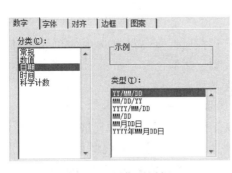

图 7.8　日期对话框

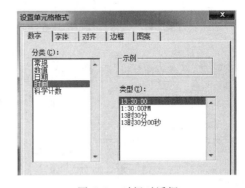

图 7.9　时间对话框

5）科学计数，如图 7.10 所示，将单元格的数值显示为科学计数型，仅在单元格显示数字时有效。

（2）字体属性页。设置选中的单元格的字体，如图 7.11 所示，可以任选字体、字形、字号。单击颜色标签下的带颜色按钮，从弹出的调色板中选择字体颜色。选择字体的特殊效果：删除线、下划线。可以在"预览"窗口中看到设置的字体效果。

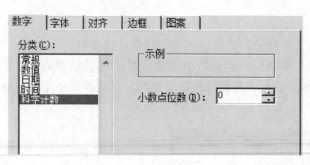

图 7.10　科学计数对话框

（3）对齐属性页。设置选中的单元格中内容的对齐方式，分为水平、垂直两项，如图 7.12 所示。水平有常规（左对齐）、靠左、居中、靠右、两端对齐等方式；垂直有常规（靠上）、靠上、居中、靠下、两端对齐等选项。

图 7.11　字体属性页

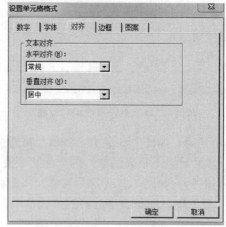

图 7.12　对齐属性页

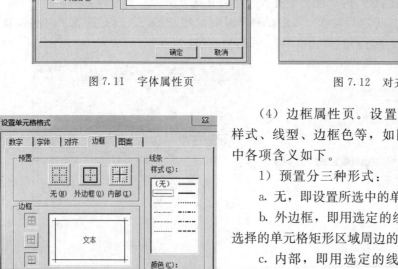

图 7.13　边框属性页

（4）边框属性页。设置选中的单元格的边框样式、线型、边框色等，如图 7.13 所示。对话框中各项含义如下。

1）预置分三种形式：

a. 无，即设置所选中的单元格为没有边框。

b. 外边框，即用选定的线型和线条颜色设置所选择的单元格矩形区域周边的单元格边框。

c. 内部，即用选定的线型和线条颜色设置所选择的单元格矩形区城内的单元格边框。

2）线条，选择设置单元格边框所需要的线条样式和线条颜色。在线条列表中直接单击相应项选择线条样式，单击颜色标签下的带颜色按钮，从弹出的调色板中选择线条颜色。

3）边框，单独设置单元格的某个边或添加斜线，设置单元格边框时，在边框项中可以进行预览。

报表设置完后，默认的表格线为灰色，只能显示，不能打印。

（5）图案属性页。设置单元格底部颜色和单元格填充样式，如图 7.14 所示。单击"单元底纹"项的颜色按钮，从弹出的调色板中选择单元格的背景填充颜色，从"单元格图案"中的"图案"按钮选择单元格填充样式，依次为全填充、不填充、左斜线、水平线、垂直线填充等。单击"颜色"按钮，弹出调色板，选择填充的颜色，所选择的单元格图案填充效果可从右边的"示例"中进行预览。

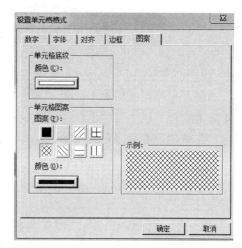

图 7.14　图案属性页

7.3　报　表　函　数

报表在运行系统的单元格中数据的计算、报表的操作等都是通过组态王提供的一整套报表函数来实现的，报表函数分为报表内部函数、报表单元格操作函数、报表存取函数、报表历史数据查询函数、统计函数、报表打印函数等。

7.3.1　报表内部函数

报表内部函数是指只能在报表单元格内使用的函数，有数学函数、字符串函数、统计函数等。

组态王 6.55 版共有 39 种函数，基本上都是来自组态王的系统函数，使用方法相同，只是函数中的参数发生了变化，减少了操作人员的学习量，方便学习和使用。

7.3.2　报表的单元格操作函数

运行系统中，报表单元格是不允许直接输入的，所以要使用函数来操作。单元格操作函数是指可以通过命令语言对单元格的内容进行操作，或从单元格获取数据的函数。这些函数大多只能用在命令语言中。

（1）设置单个单元格数值。

Long nRet＝ReportSetCellValue(String szRptName,long nRow,long nCol,float fValue)

函数功能：将指定报表的指定单元格设置为给定值。

返回值：整型 0——成功；

　　　　　－1——行列数小于等于零；

　　　　　－2——报表名称错误；

　　　　　－3——设置值失败。

参数说明：szRptName——报表名称；

Row——要设置数值的报表的行号（可用变量代替）；

Col——要设置数值的报表的列号（这里的列号使用数值，可用变量代替）；

Value——要设置的数值。

举例：根据组态王实型变量"压力"的数据变化设置报表"实时数据报表"的第 2 行第 4 列为变量"压力"的值，并且返回设置是否成功，用"实数设置结果"（组态王变量）表示，在数据改变命令语言中输入：

实数设置结果＝ReportSetCellValue("实时数据报表",2,4,压力)

（2）设置单个单元格文本。

Long nRet＝ReportSetCellString(String szRptName, long nRow, long nCol String szValue)

函数功能：将指定报表的指定单元格设置为给定字符串。

返回值：整型 0——成功；

　　　　　－1——行列数小于等于零；

　　　　　－2——报表名称错误；

　　　　　－3——设置文本失败。

参数说明：szRptName——报表名称；

　　　　　Row——要设置数值的报表的行号（可用变量代替）；

　　　　　Col——要设置数值的报表的列号（这里的列号使用数值，可用变量代替）；

　　　　　Value——要设置的文本。

举例：根据组态王实型变量"压力"的数据变化设置报表"实时数据报表"的第 2 行第 5 列为字符串变量"压力说明"的值，并且返回设置是否成功，用"字符串设置结果"（组态王变量）表示，在数据改变命令语言中输入：

字符串设置结果＝ReportSetCellString("实时数据报表",2,5,压力说明)

（3）设置多个单元格数值。

Long nRet＝ReportSetCellvalue2(String szRptName, long nStartRow, long nStartCol, long nEndRow, long nEndCol, float fValue)

函数功能：将指定报表的指定单元格区域设置为给定值。

返回值：整型 0——成功；

　　　　　－1——行列数小于等于零；

　　　　　－2——报表名称错误；

　　　　　－3——设置值失败。

参数说明：szRptName——报表名称；

　　　　　StratRow——要设置数值的报表的开始行号（可用变量代替）；

　　　　　StartCol——要设置数值的报表的开始列号（这里的列号使用数值，可用变量代替）；

　　　　　　EndRow——要设置的数值的报表的结束行号（可用变量代替）；

　　　　　　EndCol——要设置数值的报表的结束列号（这里的列号使用数值，可用
　　　　　　　　　　　变量代替）；

　　　　　　Value——要设置的数值。

　　举例：根据组态王实型变量"压力"的数据变化设置报表"实时数据报表"的第 3 行第 4 列到第 6 行第 7 列区域为变量"压力"的值，并且返回设置是否成功，用"实数设置结果 2"（组态王变量）表示，在数据改变命令语言中输入：

　　实数设置结果 2＝ReportSetCellValue2（"实时数据报表",3,4,6,7,压力)

　　（4）设置多个单元格文本。

Long nRet＝ReportSetCellString2(String szRptName,long nStartRow,long nStartCol,long nEndRow, long nEndCol,String szValue)

　　函数功能：将指定报表的指定单元格设置为给定字符串。

　　返回值：整型　　0——成功；

　　　　　　　　　－1——行列数小于等于零；

　　　　　　　　　－2——报表名称错误；

　　　　　　　　　－3——设置文本失败。

　　参数说明：szRptName——报表名称；

　　　　　　StartRow——要设置数值的报表的开始行号（可用变量代替）；

　　　　　　StartCol——要设置数值的报表的开始列号（这里的列号使用数值，可
　　　　　　　　　　　用变量代替）；

　　　　　　EndRow——要设置数值的报表的结束行号（可用变量代替）；

　　　　　　EndCol——要设置数值的报表的结束列号（这里的列号使用数值，可
　　　　　　　　　　用变量代替）；

　　　　　　Value——要设置的文本。

　　举例：根据组态王实型变量"压力"的数据变化设置报表"实时数据报表"的第 8 行第 5 列到第 10 行第 7 列为字符串变量"压力说明"的值，并且返回设置是否成功，用"字符串设置结果 2"（组态王变量）表示，在数据改变命令语言中输入：

　　字符串设置结果 2＝ReportSetCellString2（"实时数据报表",8,5,10,7,压力说明)

　　（5）获得单个单元格数值。

Float fValue＝ReportGetCellValue(String szRptName,long　nRow,long nCol)

　　函数功能：获取指定报表的指定单元格的数值。

　　返回值：实型。

　　参数说明：szRptName——报表名称；

　　　　　　Row——要获取数据的报表的行号（可用变量代替）；

Col——要获取数据的报表的列号（这里的列号使用数值，可用变量代替）。

举例：获取报表"实时数据报表"中的第 2 行第 4 列的数值，赋给实型变量"数值"。

数值＝ReportGetCellValue("实时数据报表",2,4)

（6）获得单个单元格文本。

String szValue＝ReportGetCellString(String szRptName,long nRow,long nCol)

函数功能：获取指定报表的指定单元格的文本。

返回值：字符串型。

参数说明：szRptName——报表名称；

Row——要获取文本的报表的行号（可用变量代替）；

Col——要获取文本的报表的列号（这里的列号使用数值，可用变量代替）。

举例：获取报表"实时数据报表"中的第 2 行第 5 列的文本，赋给字符串型变量"文本"。

文本＝ReportGetCellString("实时数据报表",2,5)

（7）获取指定报表的行数。

Long nRows＝ReportGetRows(String szRptName)

函数功能：获取指定报表的行数。

参数说明：szRptName——报表名称。

举例：获取报表"实时数据报表"的行数，赋给变量"行数"。

行数＝ReportGetRows("实时数据报表")

（8）获取指定报表的列数。

Long nCols＝ReportGetColumns(String szRptName)

函数功能：获取指定报表的列数。

参数说明：szRptName——报表名称。

举例：获取报表"实时数据报表"的列数，赋给变量"列数"。

列数＝ReportGetColumns("实时数据报表")

（9）设置报表的行数。

ReportSetRows(String szRptName,long RowNum)

函数功能：设置指定报表的行数。

参数说明：szRptName——报表名称；

RowNum——要设置的行数。

举例：将"实时数据报表"的行数设置为 1000 行。

ReportSetRows("实时数据报表",1000)

（10）设置报表列数。

ReportSetColumns(String szRptName,long ColumnNum)

函数功能：设置指定报表的列数。

参数说明：szRptName——报表名称；

ColumnNum——要设置的列数。

举例：将"实时数据报表"的行数设置为 1000 列。

ReportSetColumns("实时数据报表",1000)

7.3.3　存取报表函数

存取报表函数主要用于存储指定报表和打开查阅已存储的报表。操作人员可利用这些函数保存和查阅历史数据、存档报表。

（1）存储报表。

Long nRet＝ReportSaveAs(String szRptName,String szFileName)

函数功能：将指定报表按照所给的文件名存储到指定目录下，ReportSaveAs 支持将报表文件保存为 rtl、xls、csv 格式。保存的格式取决于所保存的文件的后缀名。

参数说明：szRptName——报表名称；

szFileName——存储路径和文件名称。

返回值：返回存储是否成功标志，0——成功。

举例：将报表"实时数据报表"存储文件名为"数据报表 1"，路径为"C：\My Documents"，返回值赋给变量"存文件"。

存文件＝ReportSaveAs("实时数据报表","C:\My Documents\数据报表 1.rtl")

（2）读取报表。

Long nRet＝ReportLoad(String szRptName,String szFileName)

函数功能：将指定路径下的报表读到当前报表中来。ReportLoad 支持读取 rtl 格式的报表文件，报表文件格式取决于所保存文件的后缀名。

参数说明：szRptName——报表名称；

szFlieName——报表存储路径和文件名称。

返回值：返回存储是否成功标志，0——成功。

举例：将文件名为"数据报表 1"，路径为"C:\My Documents"的报表读取到当前报表中，返回值赋给变量"读文件"。

读文件＝ReportLoad("实时数据报表","C:\My Documents\数据报表 1.rtl")

7.3.4　报表统计函数

（1）Average 函数。

函数功能：对指定单元格区域内的单元格进行求平均值运算，结果显示在当前单元格内。

使用格式：＝Average（"单元格区域"）

举例：＝Average("a1","b2","r10")；　　任意单元格选择求平均值

　　　＝Average("b1:b10")；　　　连续的单元格求平均值

（2）Sum 函数。

函数功能：将指定单元格区域内的单元格进行求和运算，显示到当前单元格内。单元格区域内出现空字符，字符串等都不会影响求和。

使用格式：Sum("单元格区域"）

举例：＝Sum（"a1","b2","r10"）；　　任意单元格选择求和

　　　＝Sum("b1:b10")；　　连续的单元格求和

7.3.5　报表历史数据查询函数

报表历史数据查询函数将按照操作人员给定的起止时间和查询间隔，从组态王历史数据库中查询数据，并填写到指定报表上。

（1）ReportSetHistData（　）函数。

ReportSetHistData（String szRptName, String szTagName, Long nStartTime, Long nSepTime, String szContent）

函数功能：按照操作人员给定的参数查询历史数据。

参数说明：szRptName——要填写查询数据结果的报表名称；

　　　　　szTagName——所要查询的变量名称；

　　　　　StartTime——数据查询的开始时间，该时间是通过组态王 HTConvert-
　　　　　　　　　　　Time 函数转换的以 1970 年 1 月 1 日 8：00：00 为基准的
　　　　　　　　　　　长整型数，所以操作人员在使用本函数查询历史数据之
　　　　　　　　　　　前，应先将查询起始时间转换为长整型数值；

　　　　　SepTime——查询数据的时间间隔，单位为秒；

　　　　　szContent——查询结果填充的单元格区域。

举例：查询变量"压力"自 2018 年 5 月 1 日 8：00：00 以来的数据，查询间隔为 30 秒，数据报表填充的区域为"a2：a100"。

Long StartTime：（StartTime 为自定义变量）

StartTime＝HTConvertTime(2018,5,1,8,0,0)

ReportSetHistData("历史数据报表","压力",StartTime,30,"a2:a100")

（2）设置报表连续的时间字符串。

ReportSetTime（String szRptnName,Long nStartTime,Long nSepTime,String szContent）

函数功能：向报表设置连续的时间字符串，配合函数 ReportSetHistData 设置返回的历史数据的时间。

参数说明：szRptName——要填写查询数据结果的报表名称；

　　　　　szTagName——所要查询的变量名称；

StartTime——数据查询的开始时间，该时间是通过组态王 HTConvert-Time 函数转换的以 1970 年 1 月 1 日 8：00：00 为基准的长整型数，所以操作人员在使用本函数查询历史数据之前，应先将查询时间转换为长整型数值；

SepTime——查询的数据的时间间隔，单位为秒；

szContent——查询结果填充的单元格区域。

举例：在报表中插入的时间为自 2018 年 5 月 1 日 8：00：00 以来的时间段，时间段间隔为 30 秒，数据报表填充的区域为"a2：a100"。

Long StartTime;(StarrtTime 为自定义变量)

StartTime＝HTConvertTime(2018,5,1,8,0,0)

ReportSetTime("历史数据报表",StarTime,30,"a2：a100")

（3）ReportSetHistData2（）函数。

ReportSetHistData2(StartRow,StartCol)

函数参数：StartRow——指定数据查询后，在报表中开始填充数据的起始行；

StartCol——指定数据查询后，在报表中开始填充数据的起始列。

这两个参数可以省略不写（应同时省略），省略时默认值都为 1。

函数功能：使用该函数，不需要任何参数，系统会自动弹出"历史数据查询"对话框，如图 7.15 所示。

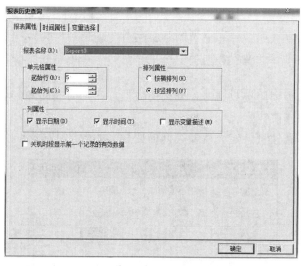

图 7.15　历史数据查询对话框

该对话框共有三个属性页，用于定义历史数据查询的参数。

1)"报表属性"属性页。

报表名称：报表名称列表框中列出当前画面中所有报表的名称，操作人员通过单击列表框向下箭头后弹出的下拉表选择执行查询后的数据填充的报表名称。

单元格属性：选择查询后的数据在报表中填充开始的位置，输入起始行数、列数。

排列属性：确定数据在报表中的填充方向、横向填充、竖向填充。

列属性：有两个选项，即"显示日期""显示时间"。当操作人员需要在查询数据的数据报表中同时显示数据被采集的日期和时间时，可以选择该项，或按实际需要任选一项。

显示变量描述：是否在变量名下显示变量描述。

显示关机时段数据：可以控制变量关联的设备通信失败，变量的质量戳为坏，运行系统退出时期的数据在报表中的显示方式。如果不选中此项，在报表中显示"——"，如果在此项前打勾显示最后记录的数据。

2）"时间属性"属性页。设置数据查询的时间属性，如图 7.16 所示。

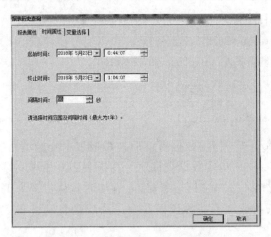

图 7.16　历史数据查询时间属性页

起始时间：定义所查询的历史数据的起始点时间，包括起始时间和起始时间。

终止时间：定义所查询的历史数据的截止点时间，包括终止时间和终止时间。定义方法同"起始时间"。

时间间隔：定义查询历史数据时，查询的数据点间的时间间隔。可直接输入，或通过"增加""减少"按钮修改。

3）"变量属性"属性页。定义所要查询的变量，如图 7.17 所示。

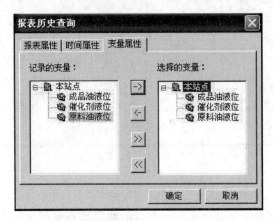

图 7.17　历史数据查询变量属性页

记录的变量：该列表框中列出了当前工程中所有定义了数据历史记录的变量。变量显示支持变量组方式，如图 7.17 所示。

　　选择的变量：该列表框将显示操作人员选择的需要进行历史数据查询的变量。

　　变量选择箭头：

　　——＞：在"记录的变量"列表框中选择一个变量，单击此按钮，将选择的变量加入到右侧的"选择的变量"列表框中。

　　＜——：在"选择的变量"列表框中选择一个已经选择的变量，单击此按钮，将被选择的变量放回到左侧的"记录的变量"列表框中。

　　＞＞：将左侧"记录的变量"列表框中所有的项添加到右侧的"选择的变量"列表框中。

　　＜＜：将右侧"选择的变量"列表框中所有的项放回到左侧的"记录的变量"列表框中。

　　各项选择完成后，单击"确定"按钮，所查询的数据便填充到指定的报表中。

　　举例：在查询历史数据的按钮命令语言中使用函数

RepoortSetHistData2()；

　　则在运行系统中弹出的图 7.15 中的对话框中单元格属性的起始行和起始列都为 1。如果将函数定义为：

ReportSetHistData2(2,1)；

　　则对话框中的默认起始行的值为 2，默认起始列的值为 1。

7.3.6　报表打印类函数

　　（1）报表打印函数。报表打印函数根据操作人员的需要有两种使用方法：一种是执行函数时自动弹出打印属性对话框，供操作人员选择确定后，再打印；另一种是执行函数后，按照默认的设置直接输出打印，不弹出打印属性对话框，使用于报表的自动打印。报表打印函数原型为：

ReportPrint2(String szRptName)

　　或者 ReportPrint2(String szRptName,EV_LONG|EV_ANALOG|EV_DISC)

　　函数功能：将指定的报表输出到打印配置中指定的打印机上打印。

　　参数说明：szRptName——要打印的报表名称。

　　EV_LONG|EV_ANALOG|EV_DISC——整型或实型或离散型的一个参数，当该参数不为 0 时，自动打印，不弹出打印属性对话框。如果该参数为 0，则弹出"打印属性"对话框。

　　举例：自动打印"实时数据报表"ReportPrint2（"实时数据报表"）或 ReportPrint2（"实时数据报表"，1）；手动打印时，弹出打印属性对话框 ReportPrint2（"实时数据报表"，0）。

　　（2）报表页面设置函数。开发系统中可以通过报表工具箱对报表进行页面设置，运行系统中则需要通过调用页面设置函数来对报表进行设置。页面设置函数的原型为：

ReportPageSetup(ReportName)

　　函数功能：设置报表页面属性，如纸张大小、打印方向、页眉页脚设置等。执行该函数后，会弹出"页面设置"对话框。

参数说明：szRptName——要打印的报表名称。

举例：对"实时数据报表"进行页面设置。

ReportPageSetup("实时数据报表")

（3）报表打印预览函数。运行中当页面设置好以后，可以使用打印预览查看打印后的效果。打印预览函数的原型为：

ReportPrintSetup(ReportName)

函数功能：对指定的报表进行打印预览。

参数说明：szRptName——要打印的报表名称。

举例：对"实时数据报表"进行打印预览。

ReportPrintSetup("实时数据报表")

执行打印预览时，系统会自动隐藏组态王的开发系统和运行系统窗口，结束预览后恢复。

7.4　报　表　模　板

一般情况下，工程中同一行业的报表基本相同或类似。如果设计者每做一个工程都需要重新制作一个报表，而其中大部分的工作是重复性的，无疑是增大了工作量和开发周期，特别是比较复杂的报表，而利用已有的报表模板，在其基础上作一些简单的修改，将会是一个很好的途径，能够使工作快速、高效地完成。

组态王在开发和运行系统中都提供了报表的保存功能，即将设计好的报表或保存有数据的报表保存为一个模板文件（扩展名为 .rtl），设计者需要相似的报表时，只需先建立一个报表窗口，然后在报表工具箱中直接打开该文件，则原保存的报表便被加载到了工程里来。如果不满意，还可以直接修改或换一个报表模板文件加载。

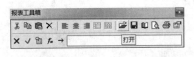

图 7.18　使用报表工具箱套用模板

套用报表模板时有两种方式：第一种是使用报表工具箱上的"打开"按钮，如图 7.18 所示，系统会弹出文件选择对话框，在其中选择已有的模板文件（.rtl），打开后，当前报表窗口便自动套用了选择的模板格式；第二种方法是使用"报表设计"中的"表格样式"，首先建立一些常用的格式，然后在使用时，直接选择表格样式即可自动套用模板。

7.5　实　时　数　据　报　表

实时数据报表主要是用来显示系统实时数据。除了在表格中实时显示变量的值外，报表还可以按照单元格中设置的函数、公式等实时刷新单元格中的数据。在单元格中显示变量的实时数据一般有两种方法。

7.5.1　单元格中直接引用变量

在报表的单元格中直接输入"＝变量名"，即可在运行时在该单元格中显示该变量的数值，当变量的数据发生变化时，单元格中显示的数值也会被实时刷新。如图 7.19 所示，例如在单元格"B4"中要实时显示当前的登录"用户名"，在"B4"单元格中直接输入"=\\本站点\\＄用户"，切换到运行系统后，该单元格中便会实时显示登录的用户名称，如"系统管理员"登录，则会显示"系统管理员"。

	A	B	C				
1							
2							
3							
4	用户名	\\本站点\\$用户			用户名	系统管理员	
5							

图 7.19　直接引用变量

这种方式适用于表格单元格中的显示固定变量的数据。如果单元格中要显示不同变量的数据或值的类型不固定，则最好选择单元格设置函数。

7.5.2　使用单元格设置函数

如果单元格中显示的数据来自于不同的变量，或值的类型不固定时，最好使用单元格设置函数。当然，显示同一个变量的值也可以使用这种方法。单元格设置函数有：

ReportSetCellValue( )

ReportSetCellString( )

ReportSetCellValue2( )

ReportSetCellString2( )

这些函数的使用方法请参见本章 7.3.2 报表的单元格操作函数，也可以在数据改变命令语言中使用 ReportSetCellString（ ）函数设置数据，如图 7.20 所示。当系统运行时，操作人员登录后，用户名就会被自动填充到指定单元格中。

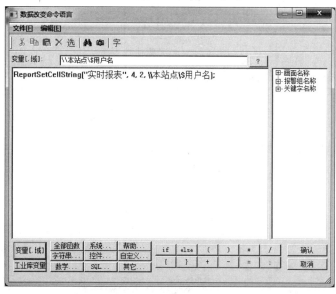

图 7.20　使用单元格设置函数

7.6 历 史 数 据 报 表

历史数据报表记录了以往的生产记录数据，对操作人员来说是非常重要的。历史报表的制作根据所需数据的不同有不同的制作方法，这里介绍两种常用的方法。

例如，要设计一个锅炉功耗记录表，该报表为8小时生成一个（类似于班报），要记录每小时最后一刻的数据作为历史数据，而且该报表在查看时应该实时刷新。

对于这个报表就可以采用向单元格中定时刷新数据的方法实现。报表设计如图7.21所示，按照规定的时间，在不同的小时里，将变量的值定时用单元格设置函数，设置到不同的单元格中，如 ReportSetCellValue（）。这时，报表单元格中的数据会自动刷新，而带有函数的单元格也会自动计算结果，当到换班时，保存当前填有数据的报表为报表文件，清除上班填充的数据，继续填充，这样就完成了要求。

可以另外创建一个报表窗口，在运行时，调用这些保存的报表，查看以前的记录，实现历史数据报表的查询。

	A	B	C	D	E	F	G	H
1				系 统 锅 炉 房 功 耗 总 报 表				
2	NO!1		报表时间:	=Time($...				
3	日期	时间	1#热水锅炉	1#采暖锅炉	泵	总功耗	供电单价(元)	总电价(元)
4						=sum('c4:j4')		='k4'*'g4'
5						=sum('c5:j5')		='k5'*'g5'
6						=sum('c6:j6')		='k6'*'g6'
7						=sum('c7:j7')		='k7'*'g7'
8						=sum('c8:j8')		='k8'*'g8'
9						=sum('c9:j9')		='k9'*'g9'
10						=sum('c10:j10')		='k10'*'g10'
11						=sum('c11:j11')		='k11'*'g11'
12						=sum('f4:f11')		=sum('h4:h11')
13	制表单位:					值班员:		

图7.21　锅炉功耗报表

这种制作报表的方式既可以作为实时报表观察实时数据，也可以作为历史报表保存。

报 警 和 事 件

报警和事件的产生、记录是保证工业现场安全生产必不可少的。组态王 6.55 提供了强有力的报警和事件系统，并且操作方法简单。

8.1 报 警 和 事 件 概 述

报警是指当系统中某些量的值超过了所规定的界限时，系统自动产生相应警告信息，表明该量的值已经超限，提醒操作人员。例如炼油厂的油品储罐，如果往罐中输油时没有规定油位的上限，系统就产生不了报警，无法有效提醒操作人员，则有可能造成"溢罐"，形成危险。有了报警，就可以提示操作人员注意。报警允许操作人员应答。

事件是指操作人员对系统的行为、动作。例如修改了某个变量的值，用户的登录、注销，站点的启动、退出等。事件不需要操作人员应答。

组态王 6.55 中报警和事件的处理方法是：当报警和事件发生时，组态王把这些信息存于内存中的缓冲区，由于报警和事件在缓冲区是以先进先出的队列形式存储，所以只有最近的报警和事件在内存中。当缓冲区达到指定数目或记录定时时间到时，系统自动将报警和事件信息进行记录。

8.2 报 警 组 的 定 义

在监控系统中，为了方便查看、记录和区别，往往要将变量产生的报警信息归类到不同的组中，即使变量的报警信息属于某个规定的报警组。

报警组是按树状组织的结构，缺省时只有一个根节点，缺省名为 RootNode（也可改成其他名字）。可以通过报警组定义对话框为这个结构加入多个节点和子节点。这类似于树状的目录结构，即每个子节点报警组下所属的变量，属于该报警组的同时，也属于其上一级父节点报警组。如在上述缺省 RootNode 报警组下添加一个报警组 "A"，则属于报警组 "A" 的变量，同时也属于 "RootNode" 报警组。如图 8.1 所示，组态王中最多可以定义 512 个节点的报警组。

通过报警组名可以按组处理变量的报警事件，例如报警窗口可以按组显示报警事件；记录报警事件可按组进行，也可以按组对报警事件进行报警确认。

定义报警组后，组态王会按照定义报警组的先后顺序为每一个报警组设定一个 ID 号，在引用变量的报警组域时，系统显示的都是报警组的 ID 号，而不是报警组名称〔组态王提供获取报警组名称的函数 GetGroup Name()〕。每个报警组的 ID 号是固定的，当删除

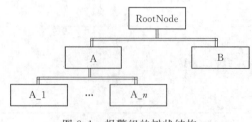

图 8.1 报警组的树状结构

某个报警组后,其他的报警组 ID 都不会发生变化,新增加的报警组也不会再占用这个 ID 号。

在组态王工程浏览器的目录树中选择"数据库/报警组",如图 8.2 所示。

双击右侧的"请双击这儿进入〈报警组〉对话框 ..."。弹出"报警组定义"对话框,如图 8.3 所示。

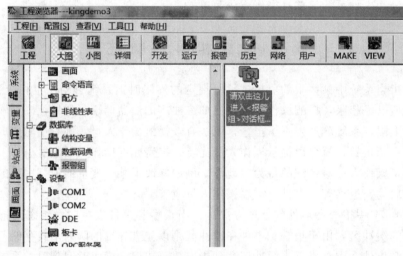

图 8.2 进入报警组

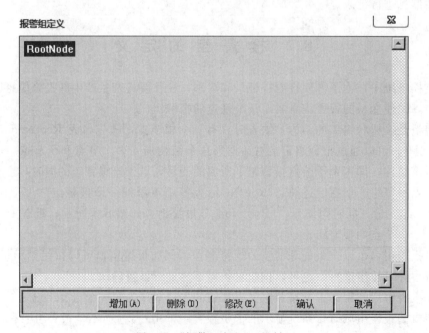

图 8.3 "报警组定义"对话框

对话框中各按钮的作用分别如下：

（1）增加（A）按钮。在当前选择的报警组节点下增加一个报警组节点。

1）选中图 8.3 中的"RootNode"报警组，单击"增加"按钮，弹出"增加报警组"对话框，如图 8.4 所示，在弹出的对话框中输入"反应车间"，确定后，在"RootNode"报警组下，出现一个"反应车间"报警组节点。

2）选中"RootNode"报警组，单击"增加"按钮，在弹出的增加报警组对话框中输入"炼钢车间"，确定后，在"RootNode"报警组下，再出现一个"炼钢车间"报警组节点。

3）选中"反应车间"报警组，单击"增加"按钮，在弹出的增加报警组对话框中输入"液位"，则在"反应车间"报警组下，出现一个"液位"报警组节点。

图 8.4　增加报警组对话框

增加报警组示例如图 8.5 所示。

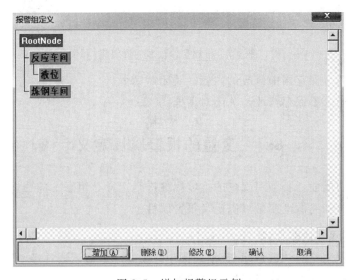

图 8.5　增加报警组示例

（2）修改（E）按钮。修改当前选择的报警组的名称。选中图 8.3 中的"RootNode"报警组，单击"修改"按钮，弹出如图 8.6 所示的修改报警组对话框。

图 8.6　修改报警组对话框

对话框的编辑框中自动显示原报警组的名称，将编辑框中的内容修改为"企业集团"，然后确定。则原"RootNode"报警组名称变成了"企业集团"，最终增加和修改后的报警组定义结果，如图 8.7 所示。

（3）删除（D）按钮。删除当前选择的报警组。在对话框中选择一个不再需要的报警组，此时"删除（D）"按钮被激活，单击"删除（D）"按钮，弹出"删除""确认"对话框，确认后删除当前选择的报警组；如果一个报警组下还包含子报警组，则删除时系统会提示该报警组有子节点，如果确认删除，该报警组下的子报警组节点也会被删除。

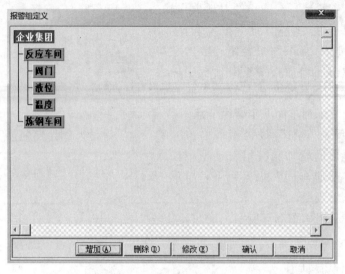

图 8.7　增加和修改后的报警组

（4）确认按钮。保存当前修改的内容，关闭对话框。

（5）取消按钮。不保存修改，关闭对话框。

8.3　变量的报警属性定义

在使用报警功能前，必须对变量的报警属性进行定义。组态王的变量中模拟型（包括整型和实型）变量和离散型变量可以定义报警属性。

8.3.1　通用报警属性功能介绍

在组态王工程浏览器"数据库/数据词典"中新建一个变量或选择一个原有变量双击，在弹出的定义变量对话框上选择报警定义属性页，如图 8.8 所示。

报警定义属性页可分为如下几个部分：

（1）报警组名和优先级选项。单击"报警组名"标签后的按钮，会弹出"选择报警组"对话框，在该对话框中将列出所有已定义的报警组，选择其一，确认后，则该变量的报警信息就属于当前选中的报警组。如果选择"反应车间"，则当前定义的变量就属于反应车间报警组，这样在报警记录和查看时直接选择要记录或查看的报警组为"反应车间"，则可以看到所有属于"反应车间"的报警信息，如图 8.9 所示。

优先级是指报警的级别，主要有利于操作人员区别报警的紧急程度，报警优先级的范围为 1～999，1 为最高，999 为最低。在图 8.8 的优先级编辑框中输入当前变量的报警优先级，例如 200。

（2）模拟量报警定义区域。如果当前的变量为模拟量，则这些选项是有效的。

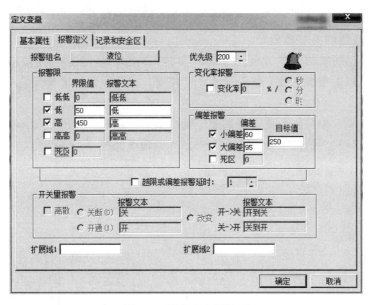

图 8.8　报警定义属性页

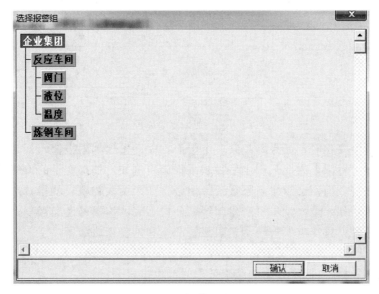

图 8.9　报警组选择

（3）开关量报警定义区域。如果当前的变量为离散量，则这些选项是有效的。

（4）报警的扩展域的定义。报警的扩展域共有两个，主要是对报警的补充说明、解释。在报警产生时的报警窗中可以看到。

在介绍报警类型之前，先介绍关于报警的三个概念：

（1）报警产生，变量值的变化超出了定义的正常范围，处于报警区域。

（2）报警确认，对报警的应答，表示已经知道有该报警，或已处理过了，报警进行确认后，报警状态并不消失。

（3）报警恢复，变量的值恢复到定义的正常范围，不再处于报警区域。

8.3.2 模拟量变量的报警类型

模拟量主要是指整型变量和实型变量，包括内存型和 I/O 型。模拟型变量的报警类型主要有三种：越限报警、偏差报警和变化率报警。对于越限报警和偏差报警可以定义报警延时和报警。

（1）越限报警。模拟量的值在跨越规定的高低报警限时产生的报警。越限报警的报警限共有四个：低低限、低限、高限、高高限。其原理图如图 8.10 所示。

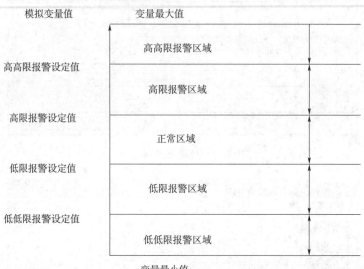

图 8.10　越限报警原理

在变量值发生变化时，如果跨越某一个限值，立即发生越限报警，某个时刻，对于一个变量只可能越一种限，因此只产生一种越限报警。例如，如果变量的值超过高高限，就会产生高高限报警，而不会产生高限报警。但是，如果两次越限，就得看这两次越的限是否是同一种类型，如果是，就不再产生新报警，也不表示该报警已经恢复；如果不是，则先恢复原来的报警，再产生新报警。越限报警产生和恢复算法如下：

1）大于低低限时恢复低低限，小于等于低低限时产生报警。

2）大于低限时恢复低限，小于等于低限时产生报警。

3）大于等于高限时报警，小于高限时恢复高限。

4）大于等于高高限时报警，小于高高限时恢复高高限。

越限类型的报警可以定义其中一种，任意几种或全部类型。如图 8.11 所示为"越限报警定义"对话框。有"界限值"和"报警文本"两列。

界限值列中选择要定义的越限类型，则后面的界限值和报警文本编辑框变为有效。在界限值中输入该类型报警越限值，定义界限值时应该：最小值≤低低限值＜低限＜高限＜高高限≤最大值。在报警文本中输入关于该类型报警的说明文字，报警文本不超过 15 个字符。

（2）偏差报警。模拟量的值相对目标值上下波动超过指定的变化范围时产生的报警，偏差报警可以分为小偏差和大偏差报警两种，当波动的数值超出大小偏差范围时，分别产生大偏差报警和小偏差报警，其原理图如图 8.12 所示，偏差报警限的计算方法如下：

1）小偏差报警限＝偏差目标值±定义的小偏差。

2）大偏差报警限＝偏差目标值±定义的大偏差。

3）大于等于小偏差报警限时，产生小偏差报警。

4）大于等于大偏差报警限时，产生大偏差报警。

5）小于等于小偏差报警限时，产生小偏差报警。

6）小于等于大偏差报警限时，产生大偏差报警。

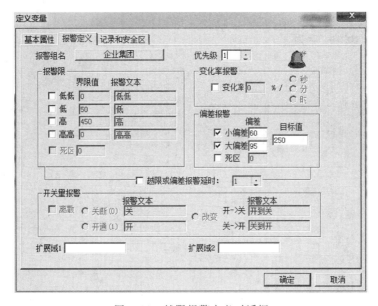

图 8.11 越限报警定义对话框

偏差报警在使用时可以按照需要定义一种偏差报警或两种都使用。

变量变化的过程中，如果跨越某个界限值，则立刻会产生报警，而同一时刻，不会产生两种类型的偏差报警。

（3）变化率报警。变化率报警是指模拟量的值在一段时间内产生的变化速度超过了指定的数值而产生的报警，即变量变化太快时产生的报警。系统运行过程中，每当变量发生一次变化，系统都会自动计算变量变化的速度，以确定是否产生报警。变化率报警的类型以时间为单位分为三种：％秒、％分、％时。变化率报警的计算公式如下：

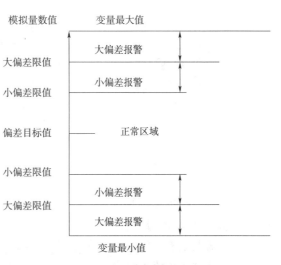

图 8.12 偏差报警原理

[（变量的当前值－变量上一次变化的值）×100]/[（变量本次变化的时间－变量上一次变化的时间）×（变量的最大值－变量的最小值）×报警类型单位对应的值]

其中报警类型单位对应的值定义为：如果报警类型为秒，则该值为1；如果报警类型为分，则该值为60；如果报警类型为时，则该值为3600。

取计算结果的整数部分的绝对值作为结果，若计算结果大于等于报警极限值，则立即产生报警。变化率小于报警极限值时，报警恢复。

变化率报警定义对话框如图8.13所示。选择变化率选项，在编辑框中输入报警极限值，选择报警类型的单位。

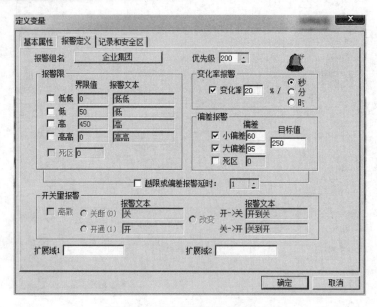

图8.13　变化率报警定义对话框

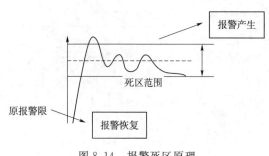

图8.14　报警死区原理

（4）报警延时和死区。对于越限和偏差报警，可以定义报警死区和报警延时。

报警死区的原理图如图8.14所示。报警死区的作用是为了防止变量值在报警限上下频繁波动时，产生许多不真实的报警，在原报警限上下增加一个报警限的阈值，使原报警限界线变为一条报警限带，当变量的值在报警限带范围内变化时，不会产生和恢复报警，而一旦超出该范围时，才产生报警信息。这样对消除波动信号的无效报警有积极的作用。

对于偏差报警死区的定义和使用与越限报警大致相同。

报警延时对系统当前产生的报警信息并不提供显示和记录，而是进行延时，在延时时间到后，如果该报警不存在了，表明该报警可能是一个误报警，不用理会，系统自动清除；如果延时到后，该报警还存在，表明这是一个真实的报警，系统将其添加到报警缓冲区中，进行显示和记录，如果定时期间，有新的报警产生，则重新开始定时。

8.3.3　离散型变量的报警类型

离散量有两种状态：1、0。离散型变量的报警有如下三种状态：

（1）1 状态报警。变量的值由 0 变为 1 时产生报警。

（2）0 状态报警。变量的值由 1 变为 0 时产生报警。

（3）状态变化报警。变量的值由 0 变为 1 或由 1 变为 0 时都产生报警。

离散量的报警属性定义对话框如图 8.15 所示，在报警属性页中报警组名、优先级和扩展域的定义与模拟量定义相同。在"开关量报警"组内选择"离散"选项，三种类型的选项变为有效。定义时，三种报警类型只能选择一种。选择完成后，在报警文本中输入不多于 15 个字符的类型说明。

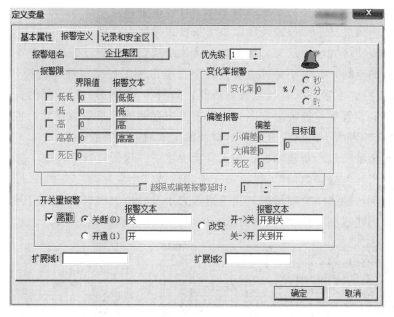

图 8.15　离散量的报警属性定义对话框

8.4　事件类型及使用方法

事件是不需要操作人员来应答的。组态王中根据操作对象和方式等的不同，将事件分为以下几类：

（1）操作事件，操作人员对变量的值或变量其他域的值进行修改。

（2）登录事件，操作人员登录到系统，或从系统中退出登录。

（3）工作站事件，单机或网络站点上组态王运行系统的启动和退出。

（4）应用程序事件，来自 DDE 或 OPC 的变量的数据发生了变化。

事件在运行系统中人机界面的输出显示是通过历史报警窗实现的。

8.5 记录、显示报警

组态王中提供了多种报警记录和显示的方式，如报警窗、数据库、打印机等。系统提供一个预定的缓冲区，对产生的报警信息首先保存在缓冲区中，报警窗根据定义的条件，从缓冲区中获取符合条件的信息显示。当报警缓冲区满或组态王内部定时时间到时，将信息按照配置的条件进行记录。

8.5.1 报警输出显示

组态王运行系统中报警的实时显示是通过报警窗实现的。报警窗分为两类：实时报警窗和历史报警窗。实时报警窗主要显示当前系统中存在的符合报警窗显示配置条件的实时报警信息和报警确认信息，当某一报警恢复后，不在实时报警窗中显示，实时报警窗不显示系统中的事件。历史报警窗显示当前系统中符合报警窗显示配置条件的所有报警和事件信息。报警窗中最大显示的报警条数取决于报警缓冲区大小的设置。

（1）报警缓冲区大小的定义。报警缓冲区是系统在内存中开辟的用户暂时存放系统产生的报警信息的空间，其大小是可以设置的。在组态王工程浏览器中选择"系统配置/报警配置"，双击后弹出报警配置属性页对话框，如图 8.16 所示，对话框的右上角为"报警缓冲区的大小"设置项，报警缓冲区大小设置值按存储的信息条数计算，值的范围为 1～10000。报警缓冲区大小的设置直接影响报警窗显示的信息条数。

（2）创建报警窗口。新建画面，在工具箱中单击"报警窗口"按钮，如图 8.17 所示，或选择菜单"工具 \ 报警窗口"，鼠标箭头变为单线"十"字形，在画面上适当位置按下鼠标左键并拖动，绘出一个矩形框，当矩形框大小符合报警窗口大小要求时，松开鼠标左键，报警窗口创建成功，如图 8.18 所示。

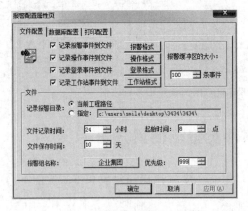

图 8.16　报警配置属性页对话框

图 8.17　报警窗口按钮

改变报警窗在画面的位置时，将鼠标移动到选中的报警窗边缘，当鼠标箭头变为双"十"字形时，按下鼠标左键，拖动报警窗口，到合适的位置，松开鼠标左键即可。

选中的报警窗口周围有 8 个带箭头的小矩形，将鼠标移动到小矩形的上方，鼠标箭头变为双向箭头时，按下鼠标左键并拖动，可以修改报警窗的大小。

事件日期	事件时间	报警日期	报警时间	变量名	报警类型	报警值/旧

图 8.18　报警窗口

（3）配置实时和历史报警窗。报警窗口创建完成后，要对其进行配置。双击报警窗口，弹出报警窗口配置属性页对话框，如图 8.19 所示，首先显示的是通用属性，在该页中有一个"实时报警窗"和"历史报警窗"的选项，选择当前报警窗是哪一个类型：如果选择"实时报警"，则当前窗口将成为实时报警窗；否则，如果选择"历史报警窗"，则当前窗口将成为历史报警窗。实时和历史报警窗的配置选项大多数相同。

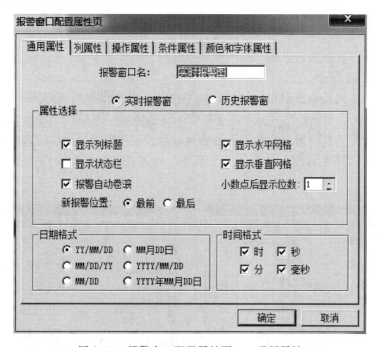

图 8.19　报警窗口配置属性页——通用属性

通用属性页中各选项含义如下：

1）报警窗口名。定义报警窗口在数据库中的变量登记名。此报警窗口变量名可在为操作报警窗口建立的命令语言连接程序中使用。报警窗口名的定义应该符合组态王变量的命名规则。

2）属性选择。属性选择有七项选项：

a. 显示列标题。选中后，开发和运行中在窗口的上部均出现每一列的列标题，如显示报警时间的列的上部，会有标题显示"报警时间"。

b. 显示状态栏。选中后，开发和运行中在窗口的下部均出现报警窗的状态信息栏。状态栏中显示当前报警窗中报警条数等。

c. 报警自动卷。选中后，系统运行时，如果报警中的信息显示超过当前窗口一页显示，当出现新的报警时，报警窗会自动卷动，显示新报警。

d. 显示水平网格。选中后，开发和运行中在窗口的信息显示部位均出现水平网格线。

e. 显示垂直网格。选中后，开发和运行中在窗口的信息显示部位均出现垂直网格线。

f. 小数点后显示位数。定义报警窗中数据显示部分各种数据显示时的小数位数。

g. 新报警位置。产生一条报警或事件后，显示到报警窗口的位置，"最前"为新报警，出现在报警窗口的最上方，先前显示的报警在窗口中依次向下移动一行；"最后"为新报警，出现在报警窗的最后一行。

3）日期格式。选择报警窗中日期的显示格式，只能选择一项。

4）时间格式。选择报警窗中时间的显示格式，即显示时间的哪几个部分。如"×分××秒"或"×时××分×秒"。该选择应该符合逻辑，例如只选择时和秒是错误的，时间格式选择错误时，系统会提示"时间格式不对"。

列属性配置如下：

单击报警窗口配置属性页中的"列属性"标签，设置报警窗口的列属性，如图8.20所示。

列属性主要配置报警窗口究竟显示哪些列，以及这些列的顺序，这就是列属性。

单击报警窗口配置属性页中的"操作属性"标签，设置报警窗口的操作属性，如图8.21所示。

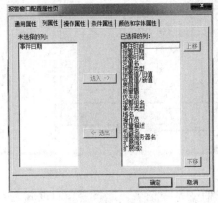 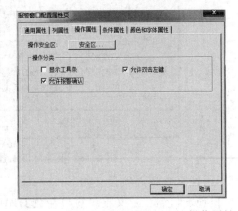

图8.20　报警窗口配置属性页——列属性　　图8.21　报警窗口配置属性页——操作属性

操作属性各项意义如下：

1）操作安全区。配置报警窗口在运行系统中的操作权限——允许操作该报警窗的安全区，安全区可以选择多个。

2）操作分类。配置报警窗口在运行时支持的操作内容和方式。

a. 允许报警确认。系统运行时，允许通过图标等操作方式对报警进行确认。

b. 显示工具条。选中时，开发和运行中在报警窗顶部显示快捷按钮，并允许操作人员在系统运行时通过图标操作报警窗。

c. 允许双击左键。系统运行时，允许在某一报警条上双击左键执行预置自定义函数功能。

单击报警窗口配置属性页中的"条件属性"标签，设置报警窗口的报警信息显示的过滤条件，如图8.22所示，条件属性在运行期间可以在线修改。

条件属性配置各项含义如下：

1）报警服务器名。如果系统为单机模式，则该选项不用选择；如果为网络模式，网络中各站点的报警信息存在于报警服务器上，配置网络后，指定本机是哪些报警服务器的客户，该列表框中将列出所有本机的报警服务器，可指定将哪个报警服务器上的报警信息显示在该报警窗中。

图8.22 报警窗口配置属性页——条件属性

2）报信息源站点。如果系统为单机模式，默认为本地，该选项不用选择；如果为网络式，因为数据的报警信息最初是来自于I/O服务器，网络配置后，指定本机是哪些I/O服务器的客户，该列表框中将列出所有本机当前选择的报警服务器下的I/O服务器名称，可选择将当前报警服务器下的哪些I/O服务器上的报警信息显示在该报警窗中。本项可以多选。

3）优先级。选择报警窗中要显示的报警和事件的最高优先级条件，高于设定优先级的报警和事件将显示在报警窗中，如规定优先级条件为500，则1～500的报警和事件信息将显示在报警窗中，而优先级在501～999的报警和事件将不显示。优先级选择的范围为1～999的整数。

4）报警组。选择报警窗中要显示的报警和事件的报警组条件，选择的报警组及其子报警组的报警和事件允许显示在报警窗中，只能选择一个报警组。

5）报警类型。选择报警窗中允许显示何种类型的报警。

6）事件类型。选择报警窗中允许显示何种类型的事件。

注意：对于实时报警窗，事件类型选项不可用，只能在运行系统中进行修改。实时报警窗的事件类型只有三种：报警、确认和恢复。

颜色和字体属性配置如下：

单击报警窗口配置属性页中的"颜色和字体属性"标签，设置报警窗口的报警和事件信息显示的字体颜色和字体型号、字体大小等，如图8.23所示。

图 8.23　报警窗口配置属性页——颜色和字体属性

单击标签后面的颜色按钮，弹出颜色选择对话框，选择该标签信息要显示的颜色；单击标签后面的"字体"按钮，弹出字体选择对话框，选择标签对应信息显示时的字体等。

（4）运行系统中报警窗的操作。如果是报警窗配置中选择了"显示工具条"和"显示状态栏"，则运行时的标准报警器窗显示如图 8.24 所示。

标准报警窗共分为三个部分：工具条、报警和事件信息显示部分和状态栏。工具条中按钮的作用如下：

事件日期	事件时间	报警日期	报警时间	变量名	报警类型	报警值/旧值	恢复

图 8.24　运行系统标准报警窗

1）确认报警。在报警窗中选择未确认过的报警信息条，该按钮变为有效，单击该按钮，确认当前选择的报警。

2）报警窗暂停/恢复滚动。每单击一次该按钮，暂停/恢复滚动状态发生一次变化。假如在报警窗中不断滚动显示报警时，可以单击该按钮暂停滚动，仔细查看某条报警，然后再单击该按钮，继续滚动，报警窗的暂停滚动并不影响报警的产生，恢复滚动后，在暂停期间没有显示出来的报警全部显示出来，暂停和恢复滚动在状态栏第三栏有相应显示。

3）更改报警类型。更改当前报警显示的报警类型的过滤条件。单击该按钮时，弹出一个报警类型对话框，对话框中的列表框列出了所有报警类型供选择，选择完成后，单击对话框上的"确定"按钮关闭对话框。选择完后，只显示符合当前选择的报警类型的报警信息。

4）更改事件类型。更改当前报警窗显示的事件类型的过滤条件。单击该按钮时，弹出一个事件类型对话框，对话框中的列表框列出了所有事件类型供选择，选择完成后，单击对话框上的"确定"按钮关闭对话框，选择完后，只显示符合当前选择的事件类型的事件信息。

5) 更改优先级。更改当前报警窗显示的优先级过滤条件，单击该按钮时，弹出一个优先级编辑对话框，编辑优先级后，单击对话框上的"确定"按钮关闭对话框，选择完后，只显示符合当前选择的优先级的报警和事件信息。

6) 更改报警组。更改当前报警窗显示的报警组过滤条件。单击该按钮时，弹出一个报警组选择对话框，选择完报警组后，单击对话框上的"确定"按钮关闭对话框。选择完后，只显示符合当前选择的报警组及其子报警组的报警和事件信息。

7) 更改报警信息源。更改当前的报警窗显示的报警信息源过滤条件。单击该按钮时，弹出一个报警信息源选择对话框，对话框中的列表框列出了可供选择的报警信息源，选择完后，单击对话框上的"确定"按钮关闭对话框。则报警窗只显示符合当前选择的报警信息源的报警和事件信息。

8) 本站点 更改当前报警窗显示的报警服务器过滤条件。单击列表框右侧的下拉箭头，从中选择报警服务器，选择完后，则报警窗只显示符合当前选择的报警服务器的报警和事件信息。

状态栏共分为三栏，第一栏显示当前报警窗中显示的报警条数；第二栏显示新报警出现的位置；第三栏显示报警窗的滚动状态。

运行系统中的报警窗可以按需要不配置工具条和状态栏。

8.5.2 报警记录输出一：文件输出

系统的报警信息可以记录到文本文件中，操作人员可以通过这些文本文件来查看报警记录。记录的文本文件的记录时间段、记录内容、保存期限等都可定义。文件的后缀名称为".al2"。

（1）报警配置——文件输出配置。打开工程管理器，在工具条中选择"报警配置"，或双击列表项"系统配置/报警配置"，弹出报警配置属性页文件配置，如图 8.25 所示。

文件配置对话框中各部分的含义如下：

1）记录内容选择。其中包括"记录报警事件到文件"选项、"记录操作事件到文件"选项、"记录登录事件到文件"选项、"记录工作站事件到文件"选项。只有当选择某一项时，该项才有可能记录到文件，否则不记录与该项有关的信息。如不选择"记录工作站事件到文件"选项，则系统运行时，就不会记录任何工作站事件的信息。记录内容中除了这些选项外，在各个选项中，还可以定义具体记录内容、格式等。

2）记录报警目录。定义报警文件记录的路径。有两个选项：当前工程路径，记录到当前组态王工程所在的目录下；指定，当选择该项时，其后面的编辑框变为有效，在编辑框中直接输入报警文件将要存的路径。

3）文件记录时间。报警记录的文件一般有多个，该项指定记录文件的记录时间长度，单位为小时，指定数值范围为 1~24，如果超过指定的记录时间，系统将生成新的记录文件。如定义文件记录时间为 8 小时，则系统按照定义的起始时间，每 8 小时生成一个新的报警记录文件。

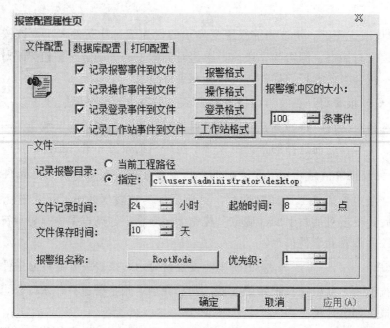

图 8.25 报警配置属性页——文件配置

4）起始时间。指报警记录文件命名时的时间（小时数），表明某个报警记录文件开始记录的时间。其值为 0～23 的一个整数。根据"起始时间"和"记录时数"来生成一系列的报警记录文件，文件命名规则为 YYMMDDHH.AL2，其中 YY、MM、DD、HH 代表年、月、日、时，如定义"文件记录时间"为 8 小时，"起始时间"为 8 点，当前日期为 2018 年 5 月 18 日，则当前时间在 8—16 点，系统运行生成的文件名为 1851808a12，而这段时间内的报警和事件信息记录到该文件中。同样，当前时间在 5 月 18 日 16 点至 5 月 19 日 0 点，系统运行生成的文件名为 1851816.a12；当前时间在 5 月 19 日 0—8 点，系统运行生成的文件名为 1851900.a12

5）文件保存时间。规定记录文件在硬盘上的保存天数（当日之前）。超过天数的记录文件将被自动删除。保存天数为 1～999。

6）报警组名称。选择要记录的报警和事件的报警组名称条件，只有符合定义的报警组及其子报警组的报警和事件才被记录到文件。

7）优先级。规定要记录的报警和事件的优先级条件，只有高于规定的优先级的报警和事件才会被记录到文件。文件配置完成后，单击"确定"按钮关闭对话框。

（2）通用报警和事件记录格式配置。在规定报警和事件信息输出时，同时可以规定输入的内容和每项内容的长度，这就是格式配置，格式配置在文件输出、数据库输入和打印输出中都相同。

1）报警格式。如图 8.26 所示，每个选项都有格式或字符长度设置，当选中某一项时，在对话框右侧的列表框中会显示该项的名称，在进行文件记录和实时打印时，将按照列表框中的顺序和列表项；在数据库记录时，只记录列表框中有的项，没有的项不被记录。选中列表框中的某一项，单击对话框右侧的"上移"或"下移"按钮，可以移动列表项的位置。

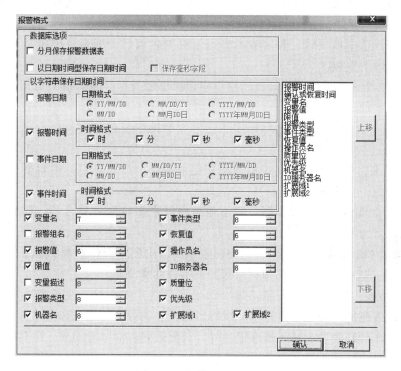

图 8.26　报警格式对话框

图 8.26 中各选项的含义如下：

a. 数据库选项。

b. 报警日期。选中该项时，后面的格式选项有效，任选一种记录的报警日期格式。

c. 报警时间。选中该项时，后面的格式选项有效，选择记录的报警时间格式。

d. 事件日期。选中该项时，后面的格式选项有效，任选一种记录事件日期的格式。

e. 事件时间。选中该项时，后面的格式选项有效，选择记录的事件时间显示格式。

f. 变量名。选中该项时，表示输出中记录变量名称，编辑框中定义记录该字符的长度，为 1～127 的整数。

g. 报警组名。选中该项时，表示输出中记录报警组名称，编辑框中定义记录该字符的长度，为 1～31 的整数。

h. 报警值。选中该项时，表示输出中记录报警值，编辑框中定义记录该字符的长度，为 1～31 的整数。

i. 限值。选中该项时，表示输出中记录报警的限值，编辑框中定义记录该字符的长度，为 1～31 的整数。

j. 变量描述。选中该项时，表示输出中记录变量描述内容，编辑框中定义记录该字符的长度，为 1～39 的整数。

k. 报警类型。选中该项时，表示输出中记录报警类型，编辑框中定义记录该字符的长度，为 1～31 的整数。

l. 机器名。选中该项时，表示输出中记录机器名信息，编辑框中定义记录该字符的长度，为 1～31 的整数。

m. 事件类型。选中该项时，表示输出中记录事件类型，编辑框中定义记录该字符的长度 1～31 的整数。

n. 恢复值。选中该项时，表示输出中记录报警的恢复值，编辑框中定义记录该字符的长度，为 1～31 的整数。

o. 操作员名。选中该项时，表示输出中记录操作员名称信息，编辑框中定义记录该字符的长度，为 1～31 的整数。

p. I/O 服务器名。选中该项时，表示输出中记录 I/O 服务器名称，编辑中定义记录该字符的长度，为 1～31 的整数。

q. 质量位（质量戳的整型值）。选中时表示输出中记录 I/O 数据的质量戳数值。

r. 优先级。选中时表示输出中记录报警或事件的优先级。

2）操作格式。如图 8.27 所示，每个选项都有格式或字符长度设置，当选中某一项时，在对话框右侧的列表框中会显示该项的名称，在进行文件记录和实时打印时，将按照列表框中的顺序和列表项；在数据库记录时，只记录列表框中有的项，没有的项将不被记录。选中列表框中的某一项，单击对话框右侧的"上移"或"下移"按钮，可以移动列表项的位置。

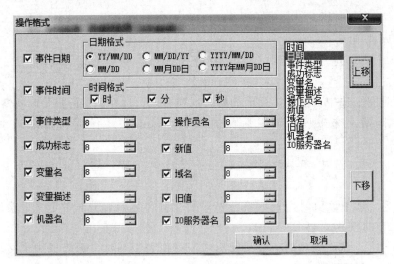

图 8.27 操作格式对话框

3）登录格式。如图 8.28 所示，每个选项都有格式或字符长度设置，当选中某一项时，在对话框右侧的列表框中显示该项的名称，在进行文件记录和实时打印时，将按照列表框中的顺序和列表项；在数据库记录时，只记录列表框中有的项，没有的项将不被记录。选中列表框中的某一项，单击对话框右侧的"上移"或"下移"按钮，可以移动列表项的位置。

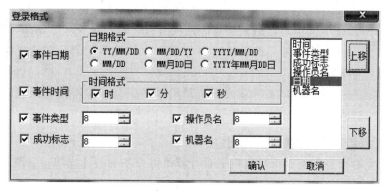

图 8.28　登录格式对话框

图 8.28 中各项含义如下：

a. 事件日期。选中该项时，后面的格式选项有效，任选一种记录登录事件的日期格式。

b. 事件时间。选中该项时，后面的格式选项有效，选择记录登记事件的时间格式。

c. 事件类型。选中该项时，表示输出中记录事件的类型，编辑框选择记录该字符的长度，为 1～31 的整数。

d. 成功标志。选中该项时，表示输出中记录登录的成功标志，编辑框选择记录该字符的长度，为 1～31 的整数。

e. 操作员名。选中该项时，表示输出中记录操作员名称信息，编辑框定义记录该字符的长度，为 1～31 的整数。

f. 机器名。选中该项时，表示输出中记录机器名信息，编辑框定义记录该字符的长度，为 1～31 的整数。

4）工作站格式。如图 8.29 所示，每个选项都有格式或字符长度设置，当选中某一项时，在对话框右侧的列表框中显示该项的名称，在进行文件记录和实时打印时，将按照列表框中的顺序和列表项；在数据库记录时，只记录列表框中有的项，没有的项将不被记录。选中列表框中的某一项，单击对话框右侧的"上移"或"下移"按钮，可以移动列表项的位置。

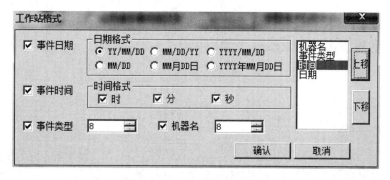

图 8.29　工作站格式对话框

图 8.29 中各项含义如下：

a. 事件日期。选中该项时，后面的格式选项有效，任选一种记录工作站事件的日期格式。

b. 事件时间。选中该项时，后面的格式选项有效，选择记录工作站事件的时间格式。

c. 事件类型。选中该项时，表示输出中记录事件的类型，编辑框选择记录该字符的长度，为 1～31 的整数。

d. 机器名。选中该项时，表示输出中记录机器名信息，编辑框定义记录该字符的长度，为 1～31 的整数。

8.5.3 报警记录输出二：实时打印输出

组态王产生的报警和事件信息可以通过计算机并口实时打印出来。首先应该对实时打印进行配置，如图 8.30 所示。

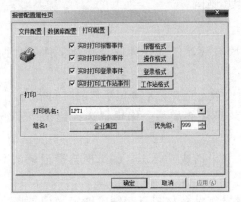

图 8.30 报警配置属性页对话框

图 8.30 中各项含义如下：

（a）实时打印报警事件。打印报警时，是否包括报警事件。

（b）实时打印操作事件。打印报警时，是否包括操作事件。

（c）实时打印登录事件。打印报警时，是否包括登录事件。

（d）实时打印工作站事件。打印报警时，是否包括工作站事件。

（e）打印机名。计算机并口连接的打印机，打印机名的设定只能选择 LPT1、LPT2、LPT3 中的一个。

（f）组名。选择打印报警时的报警组条件，只有当前选中的报警组及其子报警组的报警和事件信息才能被输出打印，报警组组名只能选择一个。

（g）优先级。选择打印报警时的优先级条件，只有高于当前优先级的报警和事件信息才能被输出打印。

按照操作人员在"报警配置"中定义的报警事件的定义格式及内容，系统将报警信息送到指定的定义端口缓冲区，将其实时打印出来。在打印时，某一条记录中间的各个子段以"/"分开，每个字段包含在"＜＞"内，并且字段标题与字段内容之间用冒号分割。打印时，两条报警信息之间以"——"分隔。

系 统 安 全 及 控 制

安全保护是应用系统不可忽视的问题，对于可能有不同类型的操作人员共同使用的大型复杂应用，必须解决好授权与安全性的问题，系统必须能够依据操作人员的使用权限允许或禁止其对系统进行操作。在组态王开发系统中可以对工程进行加密。对画面上的图形对象设置访问权限，同时给操作者分配访问优先级和安全区，组态王以此来保障系统的安全运行。

9.1 定 义 热 键

为了防止其他人员对工程进行修改，在组态王开发系统中可以分别对多个工程进行加密。当打开加密的工程时，必须输入正确的密码才能进入开发系统，但不影响工程的运行，从而保护了工程开发者的利益。

图 9.1 工程加密处理对话框

9.1.1 如何对工程进行加密

选中未加密的工程，进入组态王开发系统，在工程浏览器窗口中单击"工具"菜单中的"工程加密"命令，弹出工程加密处理对话框，如图 9.1 所示。

密码长度不超过 12 个字节，密码可以是字母（区分字母大小写）、数字、其他符号等，且需要再次输入相同密码进行确认。

单击"确认"按钮后，系统会自动对工程进行加密。加密过程中系统会弹出提示信息框，显示对每一个画面分别进行加密处理。当加密操作完成后，系统弹出"操作完成"。

退出组态王工程浏览器，每次在开发环境下打开该工程都会要求输入工程密码。如果工程密码错误，将无法打开组态王工程进行修改，请妥善保存密码。

图 9.2 取消工程加密

9.1.2 如何去除工程密码

如果想取消对工程的加密，在进入该工程后，在工程浏览器窗口中单击"工具"菜单中的"工程加密"命令，弹出"工程加密处理"对话框，是将密码设为空，单击"确认"按钮，则弹出如图 9.2 所示的对话框。

单击"确认"按钮后系统将取消对工程的加密，单击"取消"按钮放弃对工程加密的取消操作。

9.2　运行系统安全管理

9.2.1　运行系统安全管理概况

在组态王系统中，为了保证系统的安全允许，对画面上的图形对象设置访问权限，同时给操作者分配访问优先级和安全区。要访问一个有权限设置的对象，首先要求操作者的优先级大于对象的访问优先级，而且操作者的操作安全区须在对象的安全区内时，方能访问。

操作者的操作优先级级别从 1～999，每个操作者和对象的操作优先级级别只有一个，系统安全区共有 64 个，操作人员在进行配置时，每个操作人员都可以选择除"无"以外多个安全区，即一个操作人员可以用多个安全区权限，每个对象也可以有多个安全区权限。除"无"以外的安全区名称可由操作人员按照自己的需要进行修改。

（1）设置访问优先级和安全区。在组态王开发系统中双击画面上的某个对象，弹出动画连接对话框，如图 9.3 所示。

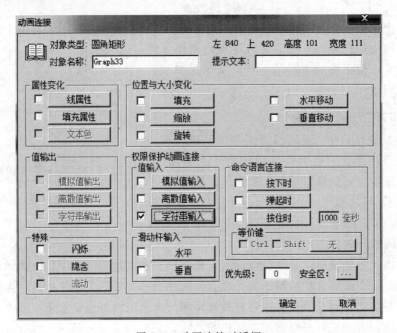

图 9.3　动画连接对话框

选择具有数据安全动画连接中的一项，则"优先级"和"安全区"选项变为有效，在"优先级"中输入访问的优先级级别；单击"安全区"后的 按钮选择安全区，弹出选择安全区对话框，如图 9.4 所示。

选择左侧"可选择的安全区"列表框中的安全区名称，然后单击"＞"按钮，即可将该安全区的名称加入右侧的"已选择的安全区"列表框中，使用"＞＞"按钮，则可加入左侧的"可选择的安全区"列表框中的全部安全区。"＜"和"＜＜"按钮来取消"已选择的安全区"列表框中的安全区名称。选择完毕后，单击"确定"按钮。

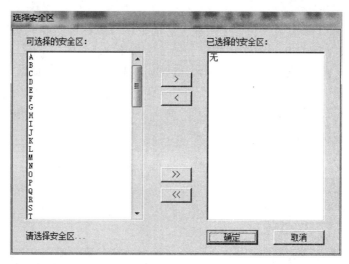

图 9.4　选择安全区对话框

（2）在工程浏览器中配置用户。配置用户包括设定用户名、口令、操作权限及安全区等。双击"工程浏览器"中左边的"系统配置/用户配置"，弹出"用户和安全区配置"对话框，如图 9.5 所示。

1）编辑安全区。单击对话框的"安全编辑按钮"，弹出"安全区配置"对话框，如图 9.6 所示。

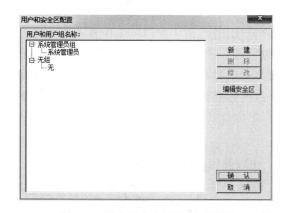

图 9.5　用户和安全区配置对话框

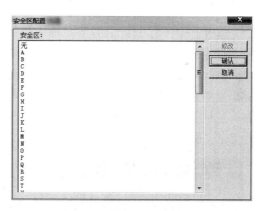

图 9.6　安全区配置对话框

用鼠标选择一个除"无"外要修改的安全区名称，使"修改"按钮由灰色不可用变为黑色即可，单击"修改"按钮，弹出更改安全区名对话框，如图 9.7 所示。

输入安全区名称，单击"确认"按钮完成修改，按照此方法可修改所有安全区名称，方便于区别和操作。

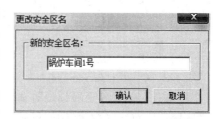

图 9.7　更改安全区名对话框

2）编辑用户。组态王可以根据工程管理的需要将用户分成若干个组来管理，即用户

组。用户组下面可以包含多个用户：

a. 建立用户组。单击用户和安全区配置对话框的"新建"按钮，弹出"定义用户和用户组"对话框，选择"用户组"按钮，如图9.8所示。

填入所要的配置的当前用户组的名称，并可对当前用户组进行注释。在右侧的"安全区"列表框中选择当前用户组下所有用户的公共区，配置完成后，按"确认"按钮返回。

b. 加入用户。在"定义用户组和用户"界面上，单击"用户"按钮，则"用户"下面的所有项变为有效，如图9.9所示。

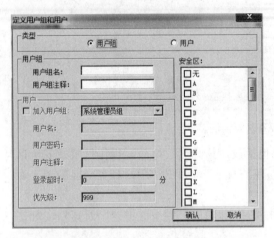

图9.8 定义用户组和用户中用户组对话框

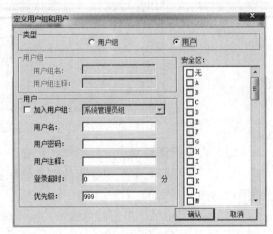

图9.9 定义用户组和用户中用户对话框

选中"加入用户组"，从下拉列表框中选择用户组名。在"用户名"中输入当前独立用户的名称；在"用户密码"中输入当前用户的密码；在"用户注释"中输入对当前用户的说明；"登录超时"中输入登录超时时间，用户登录后到达规定的时间时，系统权限自动变为"无"，如果登录超时的值为0，则登录后没有登录超时的限制；在"优先级"中输入当前用户的操作优先级级别；在"安全区"中选择该用户所属安全区。用户配置完成后单击"确定"按钮。

图9.10 软件运行时登录操作人员对话框

9.2.2 运行时如何登录用户

在TouchVew运行环境下，操作人员必须登录才能获得一定的操作权。单击运行系统打开菜单"特殊"中的"登录开"菜单项，则弹出如图9.10所示对话框。

正确输入用户名和口令即可登录。如果登录无误，使用者将获得一定的操作权。否则系统显示"登录失败"的信息。

"登录开"的操作还可以通过命令语言来实现。设置一按钮"用户登录"，设置其命令语言连接：LogOn（）；程序运行后，当操作者单击此按钮时，将弹出登录对话框。

退出登录只需要选择菜单"特殊"中的"登录关"即可，同样可以通过命令语言来实现。设置一按钮"用户登录关"，设置其命令语言连接：LogOff（）；程序运行后，当操作者单击此按钮时，将退出登录的用户。

9.2.3　运行时如何重新设置口令和权限

在运行环境下，组态王还允许任何登录成功的用户（访问权限无限制）修改自己的口令。首先进行用户登录，然后执行"特殊/修改口令"菜单，则弹出如图 9.11 所示对话框。

输入旧的口令和新的口令，单击"确定"按钮，旧的口令将被新的口令所代替。

修改口令也可以通过命令语言进行。设置一按钮"修改口令"，设置其命令语言连接：ChangePassWord（）；程序运行后，当操作者单击按钮时将弹出"修改口令"对话框。

运行系统中，对于操作权限大于 900 的用户还可以对用户权限进行修改，可以添加、删除或修改各个用户的优先级和安全区。当登录用户权限大于或等于 900，执行"特殊/配置用户"命令时，系统弹出"用户和安全区配置"对话框。可以修改用户的优先级和安全区。

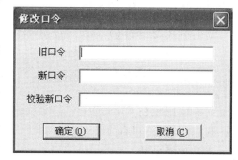

图 9.11　修改口令对话框

同样也可以通过命令语言进行修改权限。设置一按钮"配置用户"，设置命令语言连接：EditUsers（）；程序运行后，当操作者单击按钮时，用户权限大于或等于 900 时，系统弹出"用户和安全区配置"对话框。

9.2.4　与安全管理相关的系统变量和函数

与安全管理有关的系数变量有如下两个：

"＄用户名"是内存字符串型变量，在程序运行时记录当前用户的名字。若没有用户登录或用户已退出登录，"＄用户名"为"无"。

"＄访问权限"是内存实型变量，在程序运行时记录着当前用户的访问权限。若没有用户登录或用户已退出登录，"＄访问权限"为 1，安全区为"无"。

与安全管理有关的函数如下：

ChangePassWord()

此函数用于显示"修改口令"对话框，允许登录用户修改口令。

调用格式：ChangePassWord()

此函数无参数。

EditUsers()

此函数用于显示"用户和安全区配置"对话框，允许权限大于 900 的用户配置用户和安全区。

调用格式：EditUsers()

此函数无参数。

GetKey()

此函数用于系统运行时获取组态王加密锁的序列号。

调用格式：GetKey( )；

此函数无参数。

返回值为字符串型：加密锁的序列号。

LogOn( )

此函数用于在 TouchVew 运行系统中登录

调用格式 LogOn( )

此函数无参数

LogOff( )

此函数用于在 TouchVew 运行系统中退出登录

调用格式 LogOff( )

此函数无参数

PowerCheckUser( )_

此函数用于在运行系统中进行身份双重认证。

调用格式：Result＝PowerCheckUser(OperatorName,MonitorName)；

参数：OperatorName 为返回的操作者姓名；MonitorName 为返回监控者姓名。

返回值：Result＝1，验证成功；Result＝0，验证失败。

第二篇 综合应用实例

组态监控软件应用技术实训课程设计是学生在完成过程控制的理论学习之后，与课程配套的设计环节，是自动化技术专业集中实践教学的主要内容之一。通过课程设计使学生进一步熟悉流量、压力、温度、液位等过程参数的检测原理，学会正确选择控制设备、执行机构，熟悉简单过程控制系统和复杂过程控制系统的组成，培养学生理论联系实际、分析解决实际问题的初步应用能力。要求学生在实验指导教师的帮助下自行完成设计所规定的内容，进行系统整体方案的设计、论证和选择；系统单元画面的设计、外部设备的选用和参数计算，以及课程设计报告的整理工作，培养严谨、务实的学习态度，融会贯通所学的相关知识。

1. 组态监控课程设计目标

（1）知识目标。

1）能够读懂、并能规范地绘制控制点的工艺流程图。

2）能根据工艺与控制要求合理选择常用的温度、压力、流量和检测仪表。

3）能够根据被控参数和系统特点，实施正确的调试，使系统在稳定性、准确性和快速性的指标基本优化，满足工艺要求。

（2）能力目标。

1）掌握常用工业控制系统的组成原理与性能特点，熟悉其适用场合。理解被控参数、调节参数对系统性能的影响，掌握被控参数与调节参数的合理确定方法。

2）掌握常用检测设备的结构与测量参数，掌握其使用方法。

（3）素质目标。

1）培养学生分析实际问题和解决问题的能力，锻炼学生独立工作能力和团队合作精神。

2）培养学生熟悉专业技术知识，掌握专业技能，提高控制工程技术应用能力，具有良好的职业道德。

2. 考核方式和成绩评定标准

课程设计完成后的全部图纸及说明书应有设计者和指导教师的签名。未经指导教师签字的设计，不能给予成绩。

由指导教师组成答辩小组，设计者本人首先对自己设计进行5～10分钟的讲解，说明设计中的主要解决的问题，然后回答教师提问，每个学生答辩总时长一般不超过20～25分钟。

课程设计考核方式包括：组态王工程项目以及设计方案说明书的完成情况；设计方案是否合理、画面质量是否完好、相关程序是否正确；独立工作能力以及答辩情况综合衡量。其中出勤占 10％，图画质量占 30％，命令程序占 30％，运行情况占 10％，答辩情况 20％，评分按优秀、良好、中等、及格和不及格五档评定。

3. 课程设计参考选题与要求

（1）设计任务。

实例 1 雨水收集处理系统。

实例 2 变电站综合自动化系统。

实例 3 抽水蓄能电站监控系统。

实例 4 粮食仓储储备自动管理系统。

实例 5 楼宇智能安防系统。

实例 6 产品包装自动化生产线控制系统。

（2）考核内容。

1）实训报告占 30％。

2）项目的可操作性占 50％。

3）项目的具体讲解占 20％。

雨水收集处理系统

1.1 工程项目目的

雨水收集把人类和环境连接在一起，相互促进良性发展。在雨水收集现场，它实际上通过产生新水源来供人类生活。在上游，它可以减少开发外部水资源的需求；在下游，它可以减少多余的城市径流和相关的污染、侵蚀和洪灾，以此保证水量和水质。这项技术及它的应用范围正在扩大并且不断完善，对于干旱及潮湿气候的双重适应性已经日益明显。

随着城市化的进一步加速，城市缺水的矛盾也加深，环境与生态问题也同步扩展。为了解决缺水、环境、生态等一连串的矛盾，人们开始把注意力放到雨水的收集和利用上。随着社会发展需求，节能呼声越来越高，使得雨水回收再利用也越来越被人重视。采用雨水收集系统，符合我国可持续发展战略。传统城市雨水收集是在雨水落到地面上后，一部分通过地面下渗透补充地下水，不能下渗或来不及下渗的雨水通过地面收集后汇流进入雨水口，再通过雨水收集管道收集后，排入河道或通过泵提升进入河道。随着城市化程度的提高，传统的雨水管理模式经常会造成城市洪灾、雨水径流污染、雨水资源大量流失、生态环境破坏等问题。因此，目前市场非常迫切需要一种节能环保的新型雨水收集系统。

我国的水资源浪费十分严重，水资源匮乏是不争的事实。如何循环使用水资源，减少水资源的浪费成为首要任务。随着水资源供需矛盾的日益加剧，越来越多的国家认识到雨水资源的价值，并采取了很多相应的措施，因地制宜地进行雨水综合利用。当前国内市场收集雨水的方式有传统的钢筋混凝土及不锈钢蓄水池，这两种方式施工工艺复杂，工序多，工期长，所耗费的人力、物力、财力都比较大。而新型的雨水收集系统是由若干个模块合成的一个水池，产品使用寿命长、施工方便、工期短，成本较低。

1.2 工程项目内容分析

雨水收集系统，指雨水收集的整个过程，可分五大环节即通过雨水收集管道收集雨水—弃流截污—过滤消毒—净化回用，收集的雨水经过过滤净化，可用于植被灌溉、道路冲洗、洗车等用途。在我国有些地区收集的雨水经过雨水系统的过滤净化以后，可以达到饮用水标准。

雨水收集系统的分类有较强的针对性，可以有效处理不同汇水面的雨水和不同地区不同降雨量的地区特点。既可以有效收集雨水又可以合理节约成本兼顾系统的雨水预处理、雨水蓄水、雨水深度净化、雨水供水、补水和系统控制。

雨水收集系统大致分三类：屋顶雨水收集系统、地面雨水收集系统、公共场合及雨水收集系统。

回用工艺流程：雨水管道→截污管道→雨水弃流过滤装置→雨水自动过滤器→雨水蓄水模块→消毒处理→用水点。

可以由如下六部分组成：

（1）集水区是一个确定的表面区域。收集降落的雨水一般来自于屋顶表面、地面、墙体等。

（2）输水系统是将水从集水区传输到储水系统的渠道或管道。

（3）屋顶冲洗系统可以过滤并且去除污染物和碎屑，包括初期的弃流装置。

（4）储水系统是用作储水收集雨水的地方。

（5）配送系统是利用重力或泵配送雨水的系统。

（6）净化系统包括过滤设备、净化装置和用于沉淀、过滤和消毒的添加剂。

初期雨水经过多道预处理环节，保证了所收集雨水的水质。采用蓄水模块进行蓄水，有效保证了蓄水水质，同时不占用空间，施工简单、方便，更加环保、安全。通过压力控制泵和雨水控制器可以很方便地将雨水送至用水点，同时雨水控制器可以实时反应雨水蓄水池的水位状况，从而到达用水点。

雨水收集的意义：可以达到节能减排，绿色环保，减少雨水的排放量，使干旱、紧急情况（如火灾）能有水可取。另外可以用到生活中的杂用水，节约自来水，减少水处理的成本。雨水的收集还可以减少城市街道雨水径流量，减轻城市排水的压力，同时有效降低雨污合流，减轻污水处理的压力。

1.3 工程项目实施步骤

1.3.1 创建工程项目

在工程管理器中选择菜单"文件/新建工程"，或者单击工具栏的"新建"按钮，根据"新建工程向导"对话框完成工程创建，如图 1.1 和图 1.2 所示。

组态王可以为每个工程建立无限数目的画面，在每个画面上可以组态相互关联的静态或动态图形。这些画面是由亚控公司提供的丰富的图形对象组成的。开发系统提供了文本、直线、矩形、圆角矩形、圆形、多边形等基本图形对象，同时还提供了按钮、实时/历史趋势曲线、实时/历史报警、实时/历史报表等组件。

1. 创建新画面

进入开发环境画面后，首先需要创建一个新窗口。选择"文件/新建"命令出现画面属性对话框，如图 1.3 所示。

输入流程图画面的标题名称，命名为"主画面"。最后单击"确认"按钮退出对话框。

2. 创建图形对象

（1）窗口上画一个装置。从菜单条中选择"圆角矩形"工具，画出一个矩形后选择"改变图素形状"工具，做出圆角。

（2）做一个启动标志符，选择"多边形"工具，画出闪电形状图素。

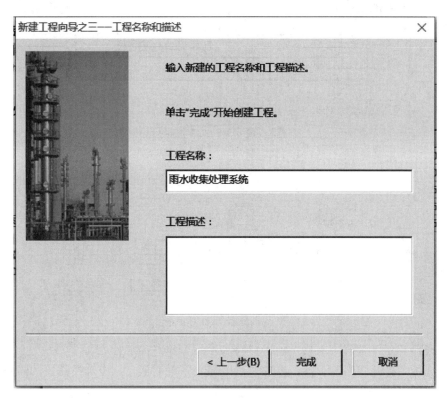

图 1.1 新建工程向导对话框

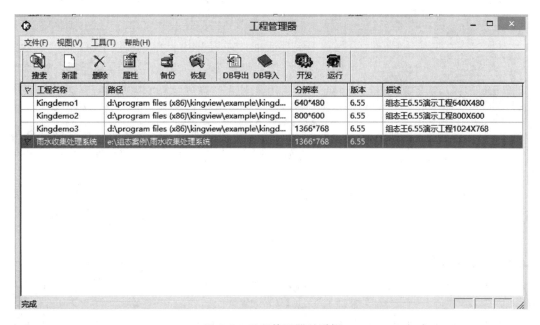

图 1.2 工程管理器对话框

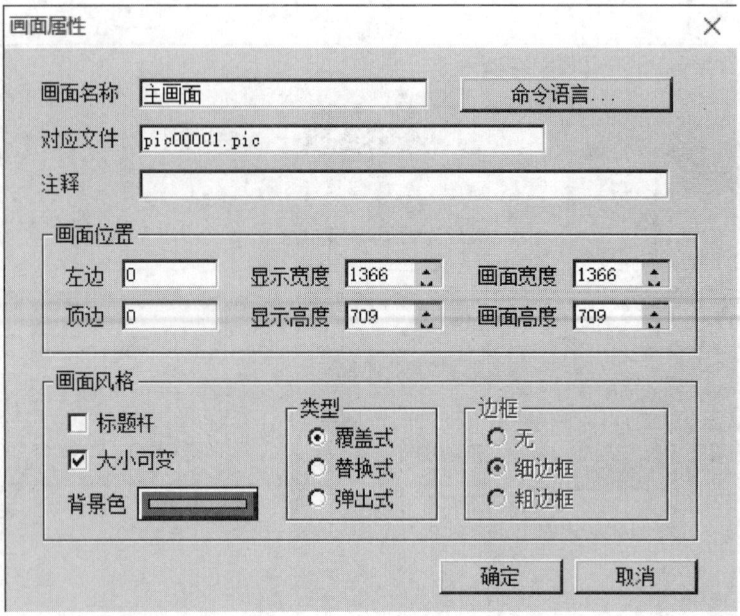

画面属性

画面名称 主画面   命令语言...

对应文件 pic00001.pic

注释

画面位置

左边 0   显示宽度 1366   画面宽度 1366

顶边 0   显示高度 709   画面高度 709

画面风格

□ 标题杆
☑ 大小可变

类型
○ 覆盖式
○ 替换式
○ 弹出式

边框
○ 无
○ 细边框
○ 粗边框

背景色

确定   取消

图 1.3　画面属性对话框

（3）选择"立体管道"工具，画出"雨水管道"和"排水管道"。

（4）选择"打开图库"工具。出现"子图列表"对话框，从中选择需要的阀门。

（5）选择"文本"工具，对图形进行标注，如图 1.4 所示。

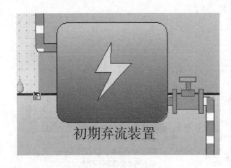

初期弃流装置

图 1.4　雨水收集处理
主监控画面

1.3.2　定义 I/O 设备

在工程浏览器中点开"设备"项，选择 COM1 或 COM2，双击"新建…"，出现图 1.5 所示对话框，在展开项目中选择"PLC"项使其展开，然后继续选择"亚控"使其展开后，选择项目"仿真 PLC"展开子列表，选择"COM"，接下来要设置"安装的设备指定唯一的逻辑名称""串行设备""指定地址""出现故障时恢复间隔和最长恢复时间"，因为只需一个设备，单击"下一步"按钮，直至完成即可，如图 1.6 所示。

单击"完成"按钮返回，在设备组态画面的右侧增加了一项"新 I/O 设备"，如果要对 I/O 设备"新 I/O 设备"的配置进行修改，双击项目"新 I/O 设备"，会再次出现"新 I/O 设备"的"I/O 设备定义"对话框。完成之后退出，如图 1.7 所示。

1.3.3　定义数据变量

选择"数据库"中的"数据词典"，单击新建，出现"定义变量"对话框。按图 1.8 所示设置，定义了一个"水质随机值"的 I/O 变量。

单击"确定"按钮之后，在数据词典中会出现"水质随机值"的变量，如图 1.9 所示。变量汇总表见表 1.1。

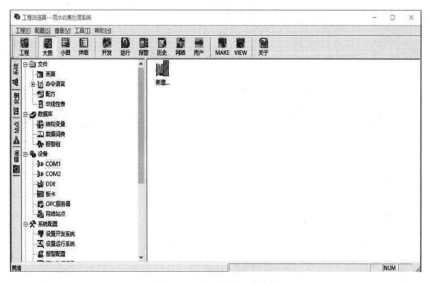

图 1.5 新建设备对话框

图 1.6 设备设置向导对话框

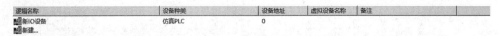

逻辑名称	设备种类	设备地址	虚拟设备名称	备注
新IO设备	仿真PLC	0		
新建...				

图 1.7　设置完成

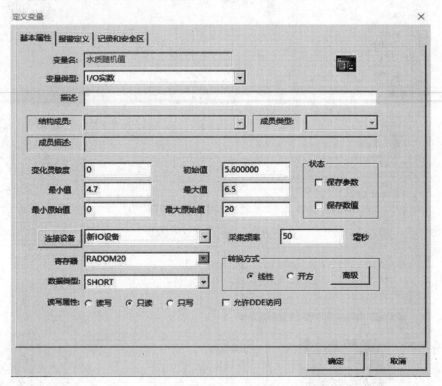

图 1.8　定义 I/O 变量

变量名	变量描述	变量类型	ID	连接设备	寄存器
水质随机值		I/O实型	26	新IO设备	RADOM

图 1.9　新变量

表 1.1　　　　　　　　　　　　　**变　量　汇　总**

天气雨	内存离散	账户或密码错误	内存离散	防止未弃流阀门	内存离散
市政供水阀门	内存离散	一号罐	内存离散	二号罐	内存离散
水泵增压	内存离散	压力水罐	内存离散	过滤器2	内存离散
手动 or 随机水质	内存离散	排水阀门	内存离散		
水质	内存实型	手动设定水质	内存实型		
栅栏	内存整型	市政供水	内存整型	雨-地下池	内存整型
溢流排水	内存整型	密码1	内存整型	账户	内存整型
过滤水位	内存整型	过滤水位2	内存整型	二次过滤水流	内存整型
市政入消毒罐	内存整型	一号入二号	内存整型	增压-压力水罐-各设施	内存整型
初期后雨水	内存整型	弃流水位	内存整型	浮动阀	内存整型
一号水位	内存整型	二号水位	内存整型	其他用水	内存整型

1.3.4 工程项目画面设置

1. 登录界面

使用"雨水收集处理系统"的图片作为背景,作为一个监控系统的登录界面,需要有正确的账户和密码才能进入,账户或密码出错时会报错,提供注销账户和退出系统的按钮,如图1.10所示。

图 1.10 登录界面

2. 主界面

根据回用工艺流程,制作了手动降雨的按钮、降雨动画以及房屋、土地背景,绘制了主要设备的运行流程,并进行监控,设置了手动设定水质数值的框体,以便进行测试,目录按钮以及各设备都可进行界面切换(图1.11和图1.12)。

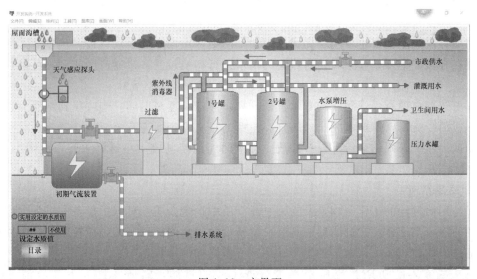

图 1.11 主界面

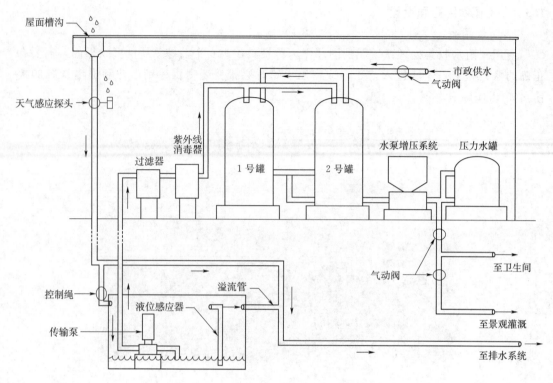

图 1.12　雨水收集流程示意图

3. 初期弃流装置界面

初期弃流过滤装置是雨水收集系统中一个非常重要的环节、弃流是雨水收集系统的过程，它是针对屋面、硬化地面等地方的雨水进行收集处理，最后用于生活中，那么雨水刚下的时候，地面、屋顶露天易污染，如灰尘、油污、鸟粪等污水应弃流（雨水收集区可少弃流或不弃流）。

初期弃流过滤装置主要用于完成降雨初期污染严重雨水的自动排放和预过滤。内置过滤装置在弃流完毕开始收集时，对收集的雨水进行初步过滤，过滤产生的垃圾可以自动排放掉。

弃流装置内设有浮球阀，随着水位的升高，浮球阀逐渐关闭，当收集到屋面一定的降雨量形成的径流后，浮球阀完全关闭，弃流后的雨水沿旁通道管流至过滤环节。对于已收集的初期弃流，降雨结束后可以打开放空管上的阀门使其流入小区污水管道（图 1.13 和图 1.14）。

4. 过滤界面

过滤网筒过滤的工作原理是：除去过滤介质中少量杂质，可保护设备的正常工作或者空气的洁净，当流体经过过滤器中具有一定精度的过滤网筒后，其杂质被阻挡，而清洁的流物通过过滤筒流出。从而达到生产、生活所需要的洁净状态。

将从左流入的初期弃流后雨水进行进一步的过滤，然后才进入下一步消毒（图1.15）。

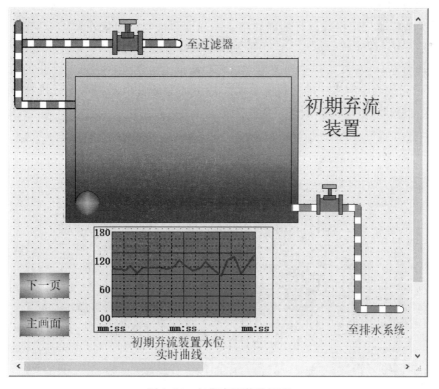

图 1.13　初期弃流装置界面

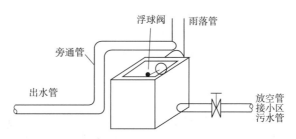

图 1.14　初期弃流装置示意图

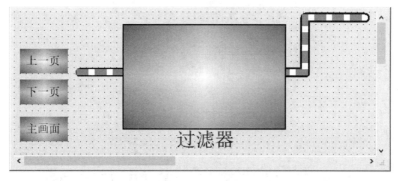

图 1.15　过滤界面

5. 消毒罐界面

紫外线消毒器采用特殊设计的高效率、高强度和长寿命的紫外 UV - C 光发生装置产生的强紫外 UV - C 光照射流水。水中的细菌、病毒等在紫外 UV - C 光（波长 253.7nm）照射下，其细胞 DNA 及结构受到破坏，细胞不能再生，达到水消毒和净化的效果。波长为 185nm 的谱线会分解水中的有机物分子，产生的氢基自由基将水中有机物分子氧化成二氧化碳，得到除去 TOC 的目的（图 1.16）。

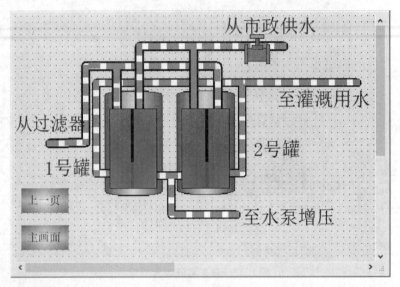

图 1.16　消毒罐

从过滤器过来的水已经经过一定的过滤净化，通过两个消毒罐的紫外线消毒，可以杀死大部分的细菌、病毒，但当水质为轻度酸雨（5.3＜pH 值＜5.6）时，不进入卫生间管道，只进入灌溉管道，所以设置了分隔装置。

6. 目录界面

虽然在主界面可以通过各设备进入不同的监控界面，但目录可以自由地让操作人员在不同界面之间切换，而且提供了"退出"按钮和"复位"按钮（图 1.17）。

图 1.17　目录界面

7. 报警界面

对一部分设备、阀门以及重要数值进行报警，以便得知系统出错时的问题所在（图1.18）。

变量名	报警日期	报警时间	报警类型	报警值/旧值

图1.18 报警界面

1.3.5 工程项目命令语言

制作 雨去 雨来 这两个矩形作为按钮，雨去（按下时）【\\ 本站点 \ 天气雨＝0;】，（隐含）【\\ 本站点 \ 天气雨＝＝0时隐含】；雨来（按下时）【\\ 本站点 \ 天气雨＝1;】，（隐含）【\\ 本站点 \ 天气雨＝＝1时隐含】；通过图库制作降雨背景 （隐含）【\\ 本站点 \ 天气雨＝＝1时显示】；天气感应探头 ，对红色圆形（填充属性）【表达式：\\ 本站点 \ 天气雨，0.0时为 ，1.0时为 】，（闪烁）【\\ 本站点 \ 天气雨＝＝1时以500毫秒频率闪烁】；各管道 ，（流动）【表达式为10时最快流动】；各管道阀门 ，使用离散量；各设备指示 ，（隐含）【表达式为1时显示】；使用设定的水质值（按下时）【\\ 本站点 \ 手动 or 随机水质＝1;】 （模拟值输入）【\\ 本站点 \ 手动设定水质，范围4.7～6.5，对＃＃（模拟值输出）【\\ 本站点 \ 手动设定水质】；不使用（按下时）【\\ 本站点 \ 手动 or 随机水质＝0;】；在设定水质值旁边的 （填充属性）【表达式：\\ 本站点 \ 手动 or 随机水质，0.0时为 ，1.0时为 】，（闪烁）【\\ 本站点 \ 手动 or 随机水质＝＝1时以500毫秒频率闪烁】；浮球阀 （垂直移动）【表达式：\\ 本站点 \ 浮动阀，最上距离：300，对应值：300】；初期弃流装置 （填充连接）【表达式：\\ 本站点 \ 弃流水位，最大填充高度：180，占据百分比：100，方向：上，画刷：网格，颜色：蓝色】；过滤器细网格栅栏 （未运行时看不见） （填充连接）【表达式：\\ 本站点 \ 栅栏，最大填充高度：100，占据百分比：100，方向：上，画刷：网格，颜色：黑色】；过滤器 （填充连接）【表达式：\\ 本站点 \ 过滤水位，最大填充高度：100，占据百分比：100，方向：右，画刷：填充，颜色：蓝色】；过滤器 2 ▨（填充连接）【表达式：\\ 本站点 \ 过滤水位 2，最大填充高度：100，占据百分比：100，方向：左，画刷：填充，颜色：蓝色】，（隐含）【表达式：\\ 本站点 \ 初期后雨水＝＝0＆＆ \\ 本站点 \ 过滤水位＝＝100 为真时显示】；将过滤器 2 图素移至过滤器图素上层并覆盖，可实现进水出水动画；一二号消毒罐 ▮（未启动消毒罐时）（填充连接）【表达式：\\ 本站点 \ 一号（二号）水位，最大填充高度：250，占据百分比：100，方向：上，画刷：横线，颜色：蓝色】，（隐含）【表达式：\\ 本站点 \ 一号罐为真时隐含】；▮（启动消毒罐后）（填充连接）【表达式：\\ 本站点 \ 一号（二号）水位，最大填充高度：250，占据百分比：100，方向：上，画刷：横线，颜色：蓝色】，（隐含）【表达式：\\ 本站点 \ 一号罐为真时显示】；消毒罐隔板 ▮（隐含）【表达式：\\ 本站点 \ 水质＜5.6＆＆ \\ 本站点 \ 二次过滤水流＝＝10 为真时显示】；登录界面的账户密码使用内存整数 \\ 本站点 \ 账户和 \\ 本站点 \ 密码，通过矩形框模拟量输入。

登录按钮 [登录] （按下时）

【if(\\本站点\账户＝＝161203131){ShowPicture("主画面");ShowPicture("报警");}
else \\本站点\账户或密码错误=1;

\\本站点\市政供水＝＝10;
\\本站点\市政供水阀门＝＝1;}应要求将密码从条件中删除,第二段市政供水流程编程使其一开始就可以显示动画效果;

清除账户密码按钮 [注销]（按下时）

【\\本站点\账户=0;
\\本站点\密码1=0;
\\本站点\账户或密码错误=0;】
账户或密码错误时报错 [账户名或密码错误]（隐含）【表达式:\\本站点\账户或密码错误为真时显示】;
不同界面之间的切换使用 ShowPicture 和 ClosePicture 进行调整;

事件描述:\\本站点\天气雨＝＝1
发生时:\\本站点\雨—地下池=10;//**集取雨水**
消失时:\\本站点\雨—地下池=0;
\\本站点\防止未弃流阀门=0;
\\本站点\排水阀门=1;
\\本站点\初期后雨水=0;
　　　存在时:if(\\本站点\水质＞=5.3)(500 毫秒)
　　　　　{if(\\本站点\浮动阀＜160)
　　　　　　{\\本站点\弃流水位=\\本站点\弃流水位＋20;
　　　　　　\\本站点\浮动阀=\\本站点\浮动阀＋20;}}//**初期弃流进行中**
　else {\\本站点\排水阀门=1;\\本站点\溢流排水=10;

\\本站点\弃流水位＝20;\\本站点\浮动阀＝20;

\\本站点\防止未弃流阀门＝0;}

事件描述:\\本站点\浮动阀＞＝160

发生时:\\本站点\初期弃流装置＝0;//**初期弃流完成,关闭浮动阀**

if(\\本站点\防止未弃流阀门＝＝1)\\本站点\初期后雨水＝10;

消失时:\\本站点\初期弃流装置＝1;

事件描述:\\本站点\弃流水位＝＝0

发生时:\\本站点\排水阀门＝0;

\\本站点\防止未弃流阀门＝1;

事件描述:\\本站点\排水阀门＝＝1

发生时:\\本站点\溢流排水＝10;//**初期弃流装置排污**

消失时:\\本站点\溢流排水＝0;

存在时:if(\\本站点\天气雨＝＝0)(400 毫秒)

　　　{\\本站点\弃流水位＝\\本站点\弃流水位－20;

　　　　\\本站点\浮动阀＝\\本站点\浮动阀－20;}//**初期弃流装置排污**

事件描述:\\本站点\初期后雨水＝＝10

发生时:\\本站点\过滤器2＝1;//**开始过滤**

存在时:\\本站点\过滤水位＝\\本站点\过滤水位＋20;(1000 毫秒)

事件描述:\\本站点\初期后雨水＝＝0&&\\本站点\过滤水位＝＝100

存在时:\\本站点\过滤水位2＝\\本站点\过滤水位2－20;//**无雨水时,过滤器水位下降**

事件描述:\\本站点\过滤水位＝＝100

发生时:\\本站点\二次过滤水流＝10;//**过滤器水位满时流入消毒罐**

事件描述:\\本站点\过滤水位2＝＝0

发生时:\\本站点\二次过滤水流＝0;

\\本站点\过滤器2＝0;

\\本站点\过滤水位＝0;

\\本站点\过滤水位2＝100;//**复位过滤器**

消失时:\\本站点\二次过滤水流＝0;

\\本站点\过滤器2＝0;

\\本站点\过滤水位＝0;

\\本站点\过滤水位2＝100;//**复位过滤器**

事件描述:\\本站点\二次过滤水流==10||\\本站点\市政入消毒罐==10

存在时:\\本站点\一号水位=\\本站点\一号水位+20;(1000毫秒)

\\本站点\二号水位=\\本站点\二号水位+20;

\\本站点\一号罐=1;\\本站点\二号罐=1;

事件描述:\\本站点\一号水位>0||\\本站点\二号水位>0

发生时:\\本站点\一号罐=1;

\\本站点\二号罐=1;//**消毒罐有水时启动**

消失时:\\本站点\一号罐=0;

\\本站点\二号罐=0;

事件描述:\\本站点\一号水位>=40||\\本站点\二号水位>=40

发生时:\\本站点\一号入二号=10;//**一二号罐水流入增压泵**

\\本站点\其他用水=10;

消失时:\\本站点\一号入二号=0;

\\本站点\其他用水=0;

事件描述:\\本站点\一号入二号==10

发生时:\\本站点\水泵增压=1;//**启动增压泵**

消失时:\\本站点\水泵增压=0;

事件描述:\\本站点\水泵增压==1

发生时:\\本站点\增压——压力水罐——各设施=10;

消失时:\\本站点\增压——压力水罐——各设施=0;

事件描述:\\本站点\增压——压力水罐——各设施==10

发生时:\\本站点\压力水罐=1;

消失时:\\本站点\压力水罐=0;

事件描述:\\本站点\市政供水==10&&\\本站点\市政供水阀门==1

发生时:\\本站点\市政入消毒罐=10;

消失时:\\本站点\市政入消毒罐=0;

事件描述:\\本站点\二次过滤水流==0&&\\本站点\市政入消毒罐==0

存在时:\\本站点\一号水位=\\本站点\一号水位-10;

\\本站点\二号水位=\\本站点\二号水位-10;//**消毒罐无水时流入时**

事件描述:\\本站点\账户！＝161203131

发生时:\\本站点\账户或密码错误＝0;//提示

存在时:\\本站点\账户或密码错误＝0;(300毫秒)

1.3.6　实时趋势曲线模块

通过工具箱选择"实时趋势曲线"，画出适合的大小，并进行相应的注释（图1.19）；双击打开"实时趋势曲线"（图1.20和图1.21），对"弃流水位"内存整型变量设置数据变化记录（图1.22）。

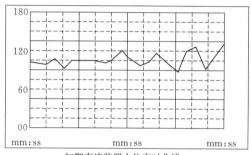

图 1.19　实时趋势曲线

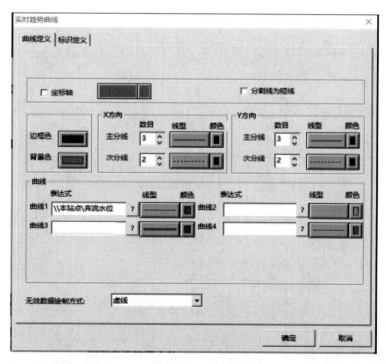

图 1.20　实时趋势曲线设置

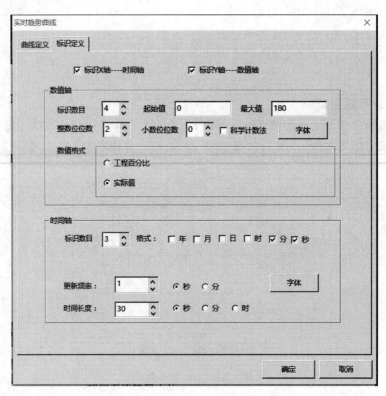

图 1.21 实时趋势曲线

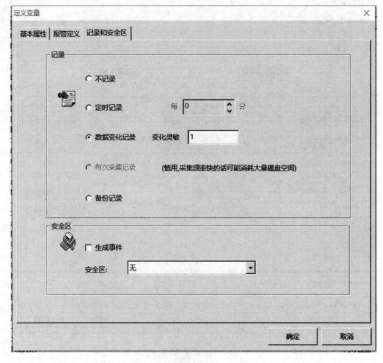

图 1.22 数据变化记录设置

1.3.7 报警和事件模块

在工程浏览器中选择"报警",如图1.23所示。

图1.23 报警选择

选择"记录报警事件到文件",如图1.24所示。

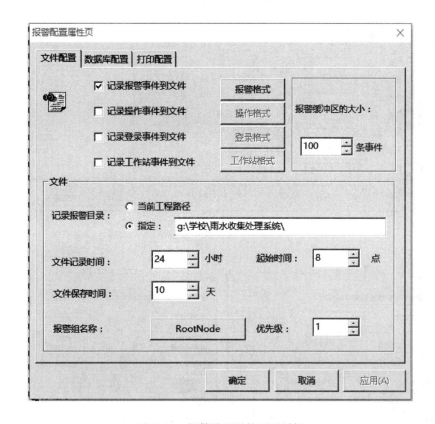

图1.24 报警设置属性页对话框

单击"报警格式",配置如图1.25所示。需要注意的是:在报警格式配置中没有"数据库选项""分月保存报警数据表""以日期时间类型保存日期时间"选项。其中"分月保存报警数据表"选项如果选中,则保存报警信息的数据库中的数据表每月生成一个,并且无需建表,只需要建一个空的数据库即可。采用分月保存的方式的优点在于:如果报警信息数据量比较大,分表存储可以提高查询的速度。缺点在于:无法进行跨月的查询,在编写脚本进行查询时需要考虑查询的是哪一个数据表。

报警窗口设置如图1.26和图1.27所示。

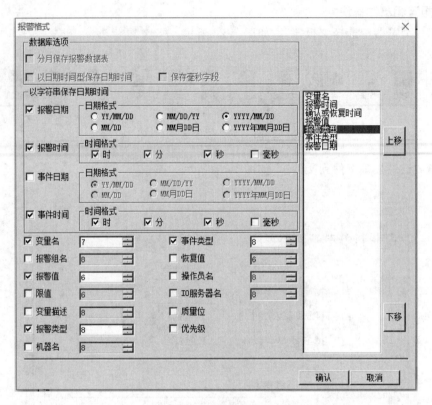

图 1.25　报警格式对话框

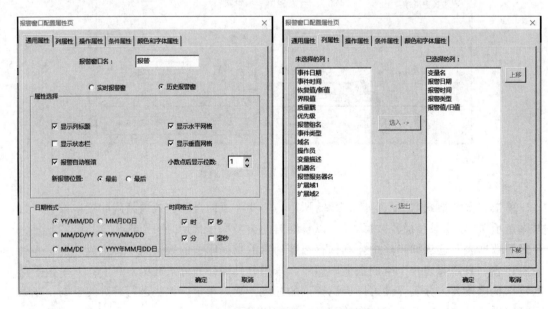

图 1.26　报警窗口配置属性页对话框

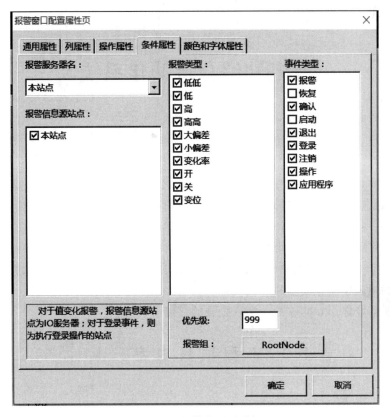

图 1.27　报警类型对话框

变电站综合自动化系统

2.1 工程项目目的

（1）熟悉组态王软件，能够熟练使用软件常用工具。分析实际情况，学会并完成组态工程变电站综合自动化系统的设计。

（2）本次实训通过几个图形显示与动画功能典型实例，来掌握组态软件的图形功能。

（3）掌握实时趋势和历史趋势作用，能够独立实现实时趋势曲线和历史趋势曲线的开发。

（4）掌握报表作用，能够独立实现报表编制。

（5）掌握报警作用，能够独立实现报警的存储与查询。

2.2 工程项目内容分析

（1）熟悉组态监控软件的绘图工具，完成变电站综合自动化系统和实时监控系统工艺流程画面绘制以及外部设备和变量的定义。

（2）柱状图缩放。

（3）屏幕画面切换。

（4）利用组态王的"工具箱"中的"实时趋势曲线""历史趋势曲线"实现。

（5）利用组态王的"插入通用控件"中的"历史趋势曲线"实现。

（6）利用组态王内置报表以及报表的函数来实现对日数据的查询生成日报表。

（7）查询日报表数据时自动从历史数据中查询整点数据生成报表，并可以保存、打印报表。

（8）实现对报警信息的存储以及历史报警信息的查询。历史报警的查询主要根据日期、报警组为条件进行查询。报警信息存储的数据库以 Access 数据库为例进行。

2.3 工程项目实施步骤

2.3.1 创建工程项目

打开组态王工程管理器选择菜单"文件/新建工程"，或者单击工具栏的"新建"按钮，弹出新建工程向导之一对话框，如图 2.1 所示。

单击"下一步"，弹出新建工程向导之二——选择工程所在路径对话框，选择所要新建的工程存储的路径，如图 2.2 所示。

图 2.1　新建工程向导之一对话框

图 2.2　新建工程向导之二对话框

选择存储路径后，单击"下一步"按钮，弹出新建工程向导之三——工程名称和描述对话框，如图 2.3 所示，在对话框中输入工程名称"变电站综合自动化系统"和对工程的描述文字"变电站综合自动化系统"，单击"完成"。弹出对话框，选择"是"按钮，将新建工程设为组态王当前工程，如图 2.4 所示。

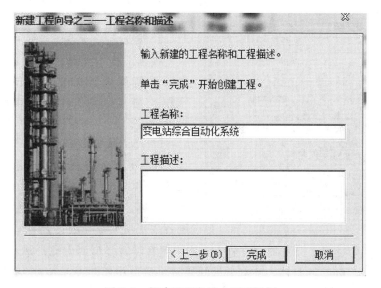

图 2.3　新建工程向导之三对话框

在工程浏览器的目录显示区中选择"文件画面"，在内容显示区中双击"新建"图标，则会弹出画面属性对话框，如图 2.5 所示。

单击图中确定按钮后，在工具箱和图库中选中相应图素进行监控画面组态，选择"工具"菜单中的"显示调色板"，或在工具箱中选择按钮，弹出调色选择"图库"菜单中"打开图库"命令或按 F2 键打开图库管理器，在图库管理器左侧图库名称列表中选择图库名称"变压比显示"，选中后双击鼠标，图库管理器自动关闭，在工程画面上鼠标位置出现的标志，在画面上单击鼠标，该图素就被放置在画面上并拖动边框到适当的位置，在

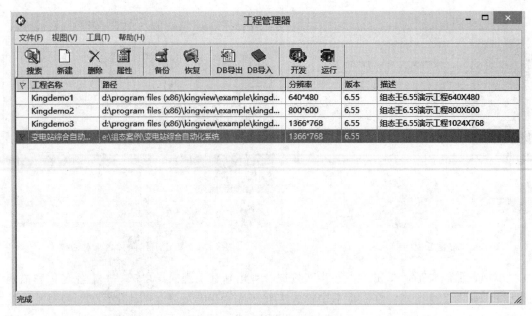

图 2.4　工程管理器对话框

图 2.5　画面属性对话框

工具箱里选择所要用的图重复上面的操作。变电站操控界面，如图 2.6 所示。

1. 定义 I/O 设备

根据工程中实际使用得设备进行定义，本工程使用亚控的仿真 PLC 设备，使用"PLC－亚控－仿真 PLC－串口"驱动，定义设备名称为"新 I/O 设备"。

2. 定义数据变量

在工程浏览器的目录显示区中选择"数据库/数据词典"，在内容显示区中双击"新建"图标，则会弹出定义变量对话框。对变量名、变量类型等进行设置，然后单击"确定"按钮，完成变量定义。变量可以分为基本类型和特殊类型两大类，基本类型的变量又分为内存变量和 I/O 变量两种。基本类型的变量也可以按照数据类型分为离散型、实型、整型和字符串型。在组态王中定义 12 个变量：P（I/O 整数类型）、P1（I/O 实数类型）、P2（I/O 实数类型）、P3（I/O 实数类型）、U（I/O 实数类型）、U1（I/O 实数类型）、U2（I/O 实数类型）、U3（I/O 实数类型）、I（I/O 实数类型）、I1（I/O 实数类型）、I2（I/O 实数类型）、I3（I/O 实数类型）。

P 变量：最小值 0，最大值 888，最小原始值 0，最大原始值 888，连接新 I/O 设备，寄存器 RADOM1000，数据类型 short，读写属性为读写，采集频率 300。记录和安全区选择"数据变化记录"，变化灵敏度选择"0"。

U 变量：最小值 0，最大值 888，最小原始值 0，最大原始值 888，连接新 I/O 设备，

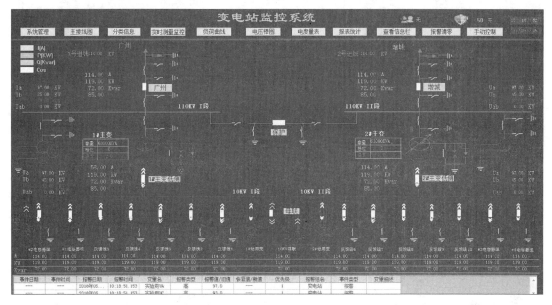

图 2.6　变电站操控界面

寄存器 RADOM1005，数据类型 short，读写属性为读写，采集频率 300。记录和安全区选择"数据变化记录"，变化灵敏度选择"0"。

I 变量：最小值 0，最大值 888，最小原始值 0，最大原始值 888，连接新 I/O 设备，寄存器 RADOM1006，数据类型 short，读写属性为读写，采集频率 300。记录和安全区选择"数据变化记录"，变化灵敏度选择"0"。其余变量定义类似。

2.3.2　工程项目画面设置

（1）双击矩形图形，在位置与大小变化中选择缩放功能，参数设置如图 2.7 所示。

（2）设置按钮和菜单，实现画面切换。例如登录系统按钮中输入"弹起时"的命令语言为：LogOn()。

退出系统按钮中输入"弹起时"的命令语言为：Exit(0)。

返回按钮中输入"弹起时"的命令语言为：ShowPicture（"登录界面"）。

菜单设置中将文本命名为画面导航，菜单项设置如图 2.8 所示：

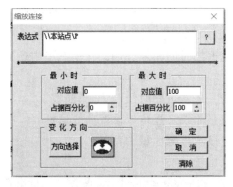

图 2.7　缩放连接对话框

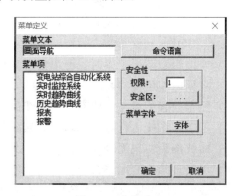

图 2.8　菜单定义

其中命令语言为：

```
if(menuindex==0)
ShowPicture("变电站综合自动化系统");
if(menuindex==1)
ShowPicture("实时监控系统");
if(menuindex==2)
ShowPicture("实时趋势曲线");
if(menuindex==3)
ShowPicture("历史趋势曲线");
if(menuindex==4)
ShowPicture("报表");
if(menuindex==5)
ShowPicture("报警");
```

2.3.3　历史趋势曲线模块

常规需求：很多工业现场都会要求显示采集量的趋势曲线，包括实时趋势曲线、历史趋势曲线。

组态王中的历史趋势曲线的实现方法：

（1）利用组态王的"工具箱"中的"历史趋势曲线"实现。

（2）利用组态王的"插入通用控件"中的"历史趋势曲线"实现。

第一种实现方法的优点在于可以进行 Web 的发布，实现通过 IE 浏览器进行浏览。缺点为支持的曲线笔比较少，许多功能的实现需要通过组态王的函数来实现，使用相对要麻烦。

第二种实现方法的优点在于支持同时绘制 16 条曲线，功能比较完善，可以在系统运行时动态增加、删除、隐藏曲线，还可以修改曲线属性，实现无级缩放，曲线打印等。许多功能都不需要通过编写脚本的方法实现，使用比较方便。缺点在于无法进行 Web 的发布。

1. 历史趋势曲线控件的特点

KVHTrend 曲线控件是组态王以 Active X 控件形式提供的绘制历史曲线和 ODBC 数据库曲线的功能性工具。该曲线具有以下特点：

（1）即可以连接组态王的历史库，也可以通过 ODBC 数据源连接到其他数据库上，如 Access、SQLServer 等。

（2）连接组态王历史库时，可以定义查询数据的时间间隔，如同在组态王中使用报表查询历史数据时使用查询间隔一样。

（3）完全兼容了组态王原有历史曲线的功能。最多可同时绘制 16 条曲线。

（4）可以在系统运行时动态增加、删除、隐藏曲线。还可以修改曲线属性。

（5）曲线图表实现无级缩放，可以在曲线中显示报警区域的背景色。

（6）可实现某条曲线在某个时间段上的曲线比较。

（7）数值轴可以使用工程百分比标志，也可用曲线实际范围标志，两者之间自由切换。

（8）可直接打印图表曲线。

（9）可以自由选择曲线列表框中的显示内容。

（10）可以选择移动游标时是否显示曲线数值。

2. 创建历史趋势曲线

在组态王开发系统中新建"趋势曲线"画面，在工具箱中单击"插入通用控件"或选择菜单"编辑"下的"插入通用控件"命令，弹出"插入控件"对话框，在列表中选择"历史趋势曲线"，单击"确定"按钮，对话框自动消失，鼠标箭头变为小"＋"字形，在画面上选择控件的左上角，按下鼠标左键并拖动，画面上显示出一个虚线的矩形框，该矩形框为创建后的曲线的外框。当达到所需大小时，松开鼠标左键，则历史曲线控件创建成功，画面上显示出该曲线。双击趋势曲线，弹出"动画连接属性"，控件名命名为"HT"。单击确定完成对历史趋势曲线的命名。

3. 添加曲线变量

选中曲线控件单击右键，弹出菜单，选择"控件属性"，弹出历史趋势曲线控件的属性对话框，在"曲线"选项卡，单击"增加"按钮，选择变量"压力"，选择"线类型""线颜色"，单击"确定"完成压力曲线的添加。再单击"增加"按钮，选择变量"流量"，选择"线类型""线颜色"，单击"确定"完成流量曲线的添加。在趋势曲线控件属性的"坐标系"选项卡中对坐标系进行设置，设置 Y 轴的起始值为 0，最大值为 200，不按照百分比绘制，而是按照实际值显示。设置时间轴的显示格式为显示年、月、日、时、分、秒。添加完成后开发画面如图 2.9 所示。

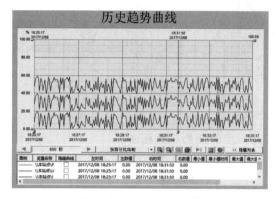

图 2.9 历史趋势曲线

历史趋势曲线对话框的说明，如图 2.10 所示。

线类型：单击"线类型"后的下拉列表框，当前曲线的线型。

线颜色：单击"线颜色"后的按钮，在弹出的调色板中选择当前曲线的颜色。

绘制方式：模拟、阶梯、逻辑、棒图，可以任选一种。

无效数据绘制方式：曲线在曲线变量关联的设备通信失败，关联变量的质量戳为坏，运行系统退出的情况下显示的方式。分为虚线、不画线、实线。

是否显示数值点数值，数据背景色：如果选中，在绘图区显示曲线各数据点的数值，同

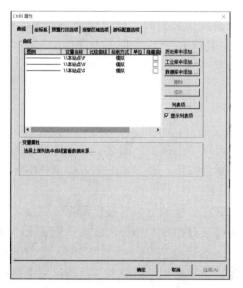

图 2.10 历史趋势曲线对话框

时可以设置数据点值的背景色。

隐藏曲线：控制运行时是否显示该曲线。在运行时，也可以通过曲线窗口下方的列表中的属性选择来控制显示或隐藏该曲线。

纵轴单位：可以为每一条曲线设置不同的"纵轴单位"，如果不设置图中的"纵轴单位"，那么曲线的纵轴单位按照图控件"坐标系"页面中"纵轴单位"的设置显示。

小数位数：显示某变量的对应曲线时，设置该曲线数值显示的小数位数。仅当该变量是浮点型时，才起作用。不同的曲线可以设置不同的小数位数。

曲线比较：通过设置曲线显示的两个不同时间，使曲线在绘制位置有一个时间轴上的平移，这样，一个变量名代表的两条曲线中，一个是显示与时间轴相同的时间的数据，另一个作比较的曲线显示有时间差的数据（如昨天），从而达到用两条曲线来实现曲线比较的目的。

4. 切换运行系统

保存画面后，在工程浏览器的"系统配置"—"设置运行系统"中进行"主画面配置"，将"历史曲线"画面设置为主画面。然后切换到运行系统。

趋势曲线控件自带的工具栏中提供了很多方便实用的控制按钮功能供操作人员来使用，主要包括：调整跨度设置按钮，设置 Y 轴标记，曲线图表无级缩放，打印曲线，定义新曲线，更新曲线图表终止时间为当前时间，设置图表数值轴和时间轴参数，隐藏/显示变量列表。

这些工具栏基本可以满足使用，如果还需要进一步的功能可以通过控件的属性、方法来实现。

2.3.4　实时趋势曲线模块

1. 实时趋势曲线的定义

在组态王开发系统中制作画面时，选择菜单"工具\实时趋势曲线"项或单击工具箱中的"画实时趋势曲线"按钮，此时鼠标在画图在变为"＋"字形，在画面中用鼠标画出一个矩形，实时趋势曲线就在这个矩形中绘出。双击此图示，弹出"实时趋势曲线"对话框，本对话框通过单击对话框上端的两个按钮在"曲线定义"和"标识定义"之间切换。单击"曲线定义"属性页，在弹出的对话框中的"表达式"下的曲 1 中选为"\\本站点\ P"，曲 2 中选为"\\本站点\ U"，曲 3 中选为"\\本站点\ I"。

实时曲线定义设置如图 2.11 所示。

实时标识定义设置如图 2.12 所示。

2. 实时趋势曲线对话框的说明

坐标轴：选择曲线图表坐标轴的线形和颜色。选择"坐标轴"复选框后，坐标轴的线形和颜色选择按钮变为有效，通过单击线形按钮或颜色按钮，在弹出的列表中选择坐标轴的线形或颜色。

分割线为短线：选择分割线的类型。选中此项后在坐标轴上只有很短的主分割线，整个图纸区域接近空白状态，没有网格，同时下面的"次分割线"选择项变灰，图表上不显示次分割线。

边框色、背景色：分别规定绘图区域的边框和背景（底色）的颜色。按动这两个按钮的方法与坐标轴按钮类似，弹出的浮动对话框也与之大致相同。

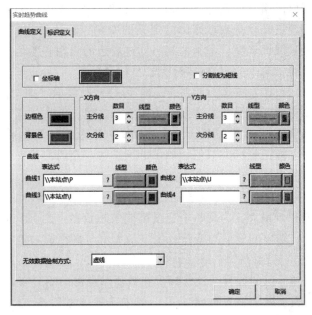

图 2.11　实时曲线定义设置

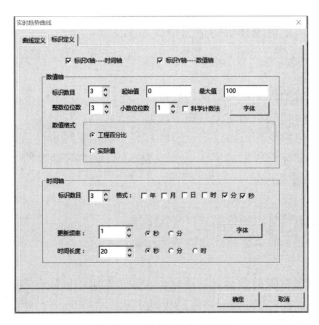

图 2.12　实时标识定义设置

　　X方向、Y方向：X方向和Y方向的主分割线将绘图区划分成矩形网格，次分割线将再次划分主分割线划分出来的小矩形。这两种线都可改变线型和颜色。分割线的数目可以通过小方框右边"加减"按钮增加或减小，也可通过编辑区直接输入。设计者可以根据实时趋势曲线的大小决定分割线的数目，分割线最好与标识定义（标注）相对应。

　　曲线：定义所绘的1～4条曲线Y坐标对应的表达式，实时趋势曲线可以实时计算表达式的值，所以它可以使用表达式。实时趋势曲线名的编辑框中可输入有效的变量名或表达式，表达式中所用变量必须是数据库中已定义的变量。右边的"?"按钮可列出数据库中已定义的变量或变量域供选择。每条曲线可通过右边的线型和颜色按钮来改变线型和颜色。在定义曲线属性时，至少应定义一条曲线变量。

无效数据绘制方式：在系统运行时对于采样到的无效数据（如变量质量戳≠192）的绘制方式选择。可以选择三种形式：虚线、不画线和实线。

标识 X 轴——时间轴、标识 Y 轴——数值轴：选择是否为 X 轴或 Y 轴加标识，即在绘图区域的外面用文字标注坐标的数值。如果此项选中，左边的检查框中有小叉标记，同时下面定义相应标识的选择项也由无效变为有效。

数值轴（Y 轴）定义区：因为一个实时趋势曲线可以同时显示 4 个变量的变化，而各变量的数值范围可能相差很大，为使每个变量都能表现清楚，"组态王"中规定，变量在 Y 轴上以百分数表示，即以变量值与变量范围（最大值与最小值之差）的比值表示。所以 Y 轴的范围是 0（0%）～1（100%）。

标识数目：数值轴标识的数目，这些标识在数值轴上等间隔分布。

起始值：曲线图表上纵轴显示的最小值。如果选择"数值格式"为"工程百分比"，规定数值轴起点对应的百分比值，最小为 0。如果选择"数值格式"为"实际值"，则可输入变量的最小值。

最大值：曲线图表上纵轴显示的最大值。如果选择"数值格式"为"工程百分比"，规定数值轴终点对应的百分比值，最大为 100。如果选择"数值格式"为"实际值"，则可输入变量的最大值。

整数位位数：数值轴最少显示整数的位数。

小数位位数：数值轴最多显示小数点后面的位数。

科学计数法：数值轴坐标值超过指定的整数和小数位数时用科学计数法显示。

字体：规定数值轴标识所用的字体。可以弹出 Windows 标准的字体选择对话框，相应的操作设计者可参阅 Windows 的操作手册。

数值格式：

工程百分比：数值轴显示的数据是百分比形式。

实际值：数值轴显示的数据是该曲线的实际值。

时间轴定义区：

标识数目：时间轴标识的数目，这些标识在数值轴上等间隔分布。在组态王开发系统中时间是以 yy：mm：dd：hh：mm：ss 的形式表示，在 TouchVew 运行系统中，显示实际的时间。

格式：时间轴标识的格式，选择显示哪些时间量。

更新频率：图表采样和绘制曲线的频率。最小 1 秒。运行时不可修改。

时间长度：时间轴所表示的时间跨度。可以根据需要选择时间单位——秒、分、时，最小跨度为 1 秒，每种类型单位最大值为 8000。

字体：规定时间轴标识所用的字体。与数值轴的字体选择方法相同。

3. 注意事项

(1) 变量定义时必须定义为记录，如果定义为"不记录"则无法看到历史曲线。

(2) 在控件使用时需要注意 Y 轴坐标的设置要合理。

(3) 详细的控件的属性、方法的使用请参考帮助或者手册。

2.3.5　报表功能模块

很多工业现场会用到报表功能，而日报是其中最基本的一种报表形式。

日报表一般为每天整点的数据，每一个变量有 24 个数据。

组态王中的实现方法：

利用组态王内置报表以及报表的函数来实现对日数据的查询生成日报表。

组态王内置报表的操作类似 Excel，操作简单、方便，并且组态王提供了大量的报表函数来实现各种复杂功能。

我们举一个例子来说明日报表的实现方法。在此例程中定义三个变量，分别为 P、U 和 I，运行系统运行后记录历史数据，查询日报表数据时自动从历史数据中查询整点数据生成报表，并可以保存、打印报表。

1. 创建报表

新建画面，画面名称"报表"。在组态王工具箱按钮中，用鼠标左键单击"报表窗口"

按钮，此时，鼠标箭头变为小"＋"形，在画面上需要加入报表的位置按下鼠标左键，并拖动，画出一个矩形，松开鼠标键，报表窗口创建成功。

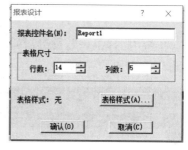

图 2.13　报表设计对话框

用鼠标双击报表窗口的灰色部分（表格单元格区域外没有单元格的部分），弹出报表设计对话框，如图 2.13 所示。该对话框主要设置报表的名称、报表表格的行列数目以及选择套用表格的样式。我们设置报表名称为"Report1"，行数为 14，列数为 5。

根据需要对报表的格式进行设置，如报表的表头，标题等。选中单元格 A1 到 F1，单击右键弹出快捷菜单，选择"合并单元格"，单元格合并后填写标题，如"实时报表演示"，单击右键在快捷菜单中选择"设置单元格格式"，设置字体、对齐方式、边框等。按照此方法设计日报表的格式，如图 2.14 所示。

	A	B	C	D	E
1			实时报表演示		
2	日期	=\\本站点\\$日期	时间	=\\本站点\\$时间	
3	P	=\\本站点\P			
4	P1	=\\本站点\P1			
5	P2	=\\本站点\P2			
6	P3	=\\本站点\P3			
7	U	=\\本站点\U			
8	U1	=\\本站点\U1			
9	U2	=\\本站点\U2			
10	U3	=\\本站点\U3			
11	I	=\\本站点\I			
12	I1	=\\本站点\I1			
13	I2	=\\本站点\I2			
14	I3	=\\本站点\I3			

	A	B	C	D
1	0	①	2	3
2		实时报表演示		
3	日期	2017/12/1	时间	7:35:16
4	P	762.00		
5	P1	363.00		
6	P2	856.00		
7	P3	731.00		
8	U	791.00		
9	U1	888.00		
10	U2	17.00		
11	U3	816.00		
12	I	272.00		
13	I1	626.00		
14	I2	616.00		
15	I3	696.00		
16				
17				
18				

图 2.14　实时报表设置

2. 数据报表保存

在“实时数据报表”画面中添加“数据报表保存”按钮，在当前工作路径下建立“实时数据”文件夹，在“数据报表保存”按钮的弹起事件中编写命令语言程序，数据报表保存按钮中输入“弹起时”的命令语言程序为：

```
string filename;
Filename="C:\Users\Xuxuanhuang\Desktop\变电站综合自动化系统"+
StrFromReal( \\本站点\$年, 0, "f" )+
StrFromReal( \\本站点\$月, 0, "f" )+
StrFromReal( \\本站点\$日, 0, "f" )+
StrFromReal( \\本站点\$时, 0, "f" )+
StrFromReal( \\本站点\$分, 0, "f" )+
StrFromReal( \\本站点\$秒, 0, "f" )+"xls";
ReportSaveAs("Report1",FileName);
```

3. 报表打印功能

在“实时数据报表”画面中添加“数据报表保存”按钮，在“打印报表”按钮输入“弹起时”的命令语言程序为：

```
ReportPrint2("Report1");
```

单击“打印报表”按钮，可以对报表进行打印输出，并且可以进行报表的打印预览，如图 2.15 和图 2.16 所示。

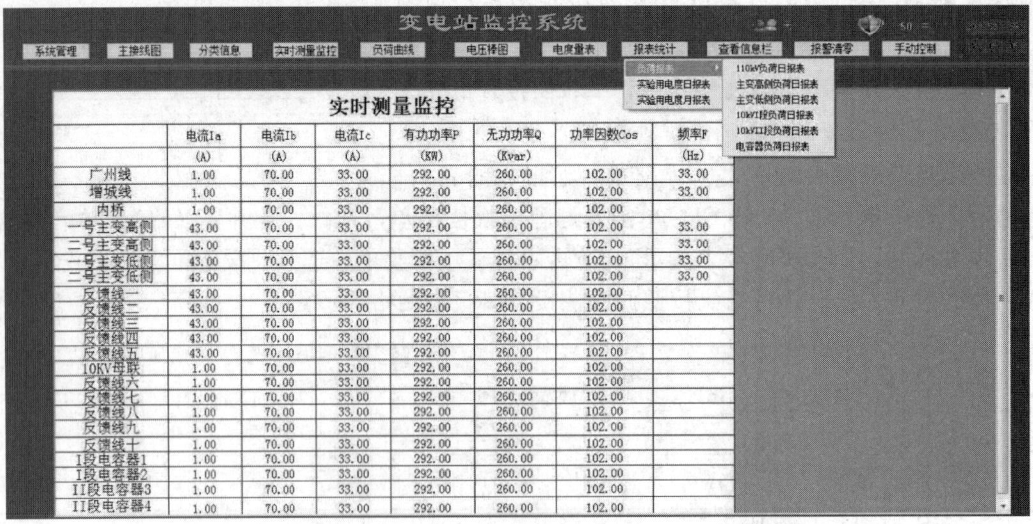

	电流Ia (A)	电流Ib (A)	电流Ic (A)	有功功率P (KW)	无功功率Q (Kvar)	功率因数Cos	频率F (Hz)
广州线	1.00	70.00	33.00	292.00	260.00	102.00	33.00
增城线	1.00	70.00	33.00	292.00	260.00	102.00	33.00
内桥	1.00	70.00	33.00	292.00	260.00	102.00	
一号主变高侧	43.00	70.00	33.00	292.00	260.00	102.00	33.00
二号主变高侧	43.00	70.00	33.00	292.00	260.00	102.00	33.00
一号主变低侧	43.00	70.00	33.00	292.00	260.00	102.00	33.00
二号主变低侧	43.00	70.00	33.00	292.00	260.00	102.00	33.00
反馈线一	43.00	70.00	33.00	292.00	260.00	102.00	
反馈线二	43.00	70.00	33.00	292.00	260.00	102.00	
反馈线三	43.00	70.00	33.00	292.00	260.00	102.00	
反馈线四	43.00	70.00	33.00	292.00	260.00	102.00	
反馈线五	43.00	70.00	33.00	292.00	260.00	102.00	
10KV母联	1.00	70.00	33.00	292.00	260.00	102.00	
反馈线六	1.00	70.00	33.00	292.00	260.00	102.00	
反馈线七	1.00	70.00	33.00	292.00	260.00	102.00	
反馈线八	1.00	70.00	33.00	292.00	260.00	102.00	
反馈线九	1.00	70.00	33.00	292.00	260.00	102.00	
反馈线十	1.00	70.00	33.00	292.00	260.00	102.00	
I段电容器1	1.00	70.00	33.00	292.00	260.00	102.00	
I段电容器2	1.00	70.00	33.00	292.00	260.00	102.00	
II段电容器3	1.00	70.00	33.00	292.00	260.00	102.00	
II段电容器4	1.00	70.00	33.00	292.00	260.00	102.00	

图 2.15　实时测量监控

2.3.6　报警模块

很多工业现场要求将变量的报警信息进行存储，并且可以灵活地进行历史报警的查询、打印。组态王中的实现方法：组态王支持通过 ODBC 接口将数据存储到关系数据库

图 2.16 电度月报表

中，并且提供 KVADODBGrid 控件对存储的历史报警信息进行条件查询，并可以对查询结果进行打印。关系数据库可以为 Access 数据库或者 SQLServer 数据库。

通过一个简单的例子实现对报警信息的存储以及历史报警信息的查询。历史报警的查询主要根据日期、报警组为条件进行查询。报警信息存储的数据库以 Access 数据库为例进行。

1. 定义报警组

在报警组处双击进行报警组对话框，单击"增加"定义一个"监控系统"报警组，确认完成报警组的定义，如图 2.17 所示。

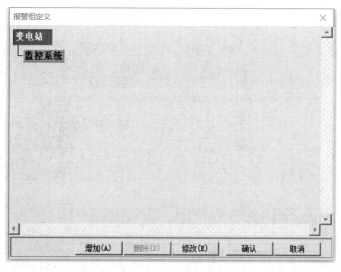

图 2.17 报警组定义对话框

报警组定义完成后，重新编辑变量定义，在变量定义的"变电站"选项中对三个变量进行报警定义。定义报警组名为"变电站"，设置 P、U 和 I 的报警限为低、高限，限值分别为 50、500。定义报警画面如图 2.18 所示。

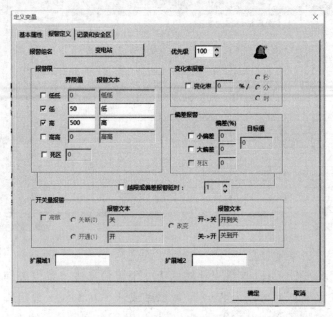

图 2.18　变量报警定义对话框

变量的报警就定义完成后，新建一个"报警"画面，在工具箱中选择报警窗口，然后在画面上完成报警窗口的制作，双击画面上的报警窗口，为报警窗口命名为"报警"，根据需要可以对报警窗口进行灵活的配置，详细的配置可以参考组态王手册或者组态王帮助，但是必须注意报警窗口的名字一定要填写，如果报警窗口没有名字，则此报警窗口无效。

报警窗口定义完成后，如果此时进入运行系统，则当出现报警后，报警信息会在报警窗口中出现。运行画面如图 2.19 所示。

图 2.19　报警界面

需要注意的是，报警窗口显示的信息在计算机的内存中，如果组态王退出后再进入运行系统则原来的报警并不存在了，也就是说历史的报警信息并没有保存下来。下面会详细讲解一下如何将报警信息进行保存以方便以后的查询。

2．报警配置

组态王报警配置主要分为三个配置选项：文件配置、数据库配置和打印配置。文件配置主要是将报警信息存储到文件中，文件格式为 *.a12，可以通过记事本打开此文件对存储的信息进行浏览，因为此存储格式浏览不是很方便，现在不推荐客户使用。数据库配置是将报警信息存储到关系数据库中，如 Access，SQLServer 等，此方式浏览、查询比较方便，本文就是以数据库配置作为讲解的重点。打印配置为报警信息的实时打印，需要注意的时打印配置选择的打印机必须为带字库的针式打印机。下面主要以 Access 数据库为例讲解报警存储到数据库的使用配置。

3．建立报警数据库

在 Access 中新建一个空数据库，在此数据库中创建一个数据表：表的名称为 Alarm。表的字段类型为文本类型。为了方便使用，已经有一个已经做好的数据库文件，可以直接使用。文件名为：报警窗数据库.mdb。可以直接拷贝此文件到计算机的硬盘中使用。

组态王通过 ODBC 数据源将报警信息存储到数据库中，因此必须先建立 ODBC 数据源。

在"控制面板"－"管理工具"－"ODBC 数据源"中建立 ODBC 数据源，单击"ODBC 数据源"弹出"ODBC 数据源管理器"，在"操作人员 DSN"中单击"添加"，弹出"选择数据源驱动程序"窗口，选择"Microsoft Access Driver（*.mdb）"驱动，单击"完成"。弹出窗口，填写 ODBC 数据源的名称，根据需要对数据源进行命名，如"报警"，单击"选择（S）"，选择前面定义的数据库文件。单击"确定"完成 ODBC 数据源的定义。其他数据库如 SQLServer 的 ODBC 定义请参考相关文档。

数据库以及 ODBC 数据源定义完成后，进行报警配置中的数据库配置。双击组态王工程浏览器的"系统配置"中的"报警配置"，弹出如图 2.20 所示的报警配置对话框。选择"数据库配置"选项卡，根据需要将"记录报警事件到数据库"打上勾，单击报警格式，根据实际情况对报警格式进行选择配置，需要注意的是默认的报警格式没有选择报警日期、事件日期，因此必须进行报警格式的配置。

报警格式对话框如图 2.21 所示。需要注意的是：在报警格式配置中没有"数据库选项，分月保存报警数据表，以日期时间类型保存日期时间"选项。其中"分月保存报警数据表"选项如果选中，则保存报警信息的数据库中的数据表每月生成一个，并且无需建表，只需要建一个空的数据库即可。采用分月保存方式的优点在于：如果报警信息数据量比较大，分表存储可以提高查询的速度。缺点在于：无法进行跨月的查询，在编写脚本进行查询时需要考虑查询的是哪一个数据表。

本实例中，还是按照报警信息存储到一个数据表的方式为例进行介绍，也就是说不选中"分月保存报警数据表"。其他选项需要注意的就是数据长度要根据实际情况进行设置，并且选中"报警组名"，如果使用描述则"变量描述"也需要选中。

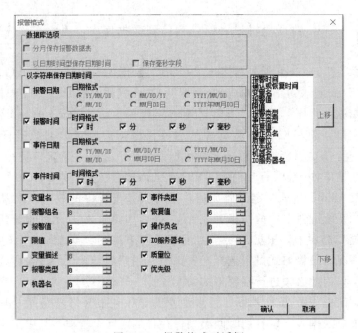

图 2.20　报警配置对话框

图 2.21　报警格式对话框

　　报警格式设置完成后，单击"确定"返回"数据库配置"画面，在数据源处选择前面定义的数据源"报警"。如图 2.22 所示，单击"确定"完成报警的配置。

　　当有报警产生后，会在报警画面中显示当前报警信息，同时也会将报警信息存储到 Access 数据库中。

　　4. 注意事项

　　（1）报警数据库的属性，一定要将只读属性去掉。

图 2.22　数据库配置对话框

（2）报警配置中的数据库配置的报警格式设置时，各个字段的长度需要根据实际情况进行设置。

（3）报警配置中如果选择"分月保存报警数据表"，则数据库中的报警表会自动生成，如果不选择此项，则"Alarm"表需要手动建立。

（4）KVADODBGrid 控件的详细使用方式请参考组态王手册或者帮助。

（5）报警数据库可以选择 SQLServer 或者其他关系数据库，其他数据库的 ODBC 数据源的定义请参考相关文档。

抽水蓄能电站监控系统

3.1 工程项目目的

进入 21 世纪，中国电力行业"西电东送""南北互供""全国联网"使得电网稳定安全运行越来越重要，同时也越来越困难。抽水蓄能电站优越的调峰填谷、调频、调相、事故备用、黑启动等功能对电网的稳定运行起到至关重要的作用，必将达到进一步的发展。同时抽水蓄能电站促进了无调峰作用的清洁可再生能源发电站的建设，有利于节能减排，保护环境。

抽水蓄能电站需要水，但基本上不耗水，故其规模不像常规水电那样取决于所在站址的来水流量和落差，而主要取决于上下池容积和落差，更主要的是取决于所在电网可供低谷时抽水的电量。电站形式很多，适应性强，可视情况选定，在山区、江河梯级、平原均可修建抽水蓄能电站，关键在于因地制宜择优选择。

抽水蓄能电站的组成部分包括以下内容。

1. 上水库

抽水蓄能电站的上水库是蓄存水量的工程设施，电网负荷低谷时段可将抽上来的水储存在库内，负荷高峰时段由水库放下来发电。输水系统是输送水量的工程设施，在水泵工况（抽水）把下水库的水量输送到上水库，在水轮机工况（发电）将上水库放出的水量通过厂房输送到下水库。

2. 输水系统

连接上下水库，由上库进/出水口及事故检修闸门井、隧洞或竖井、压力管道和调压室、岔管、分岔后的水平支管、尾水隧洞及检修闸门井和下水库进/出水口组成。

抽水蓄能电站有抽水和发电两种工况，上（下）池的进水口在发电时是出（进）水口，但到抽水时变成进（出）水口，故称进/出水口。

3. 厂房

厂房包括主厂房、副厂房、主变洞、母线洞等洞室。厂房是放置蓄能机组和电气设备等重要机电设备的场所，也是电厂生产的中心。抽水蓄能电站无论是完成抽水、发电等基本功能，还是发挥调频、调相、升荷爬坡和紧急事故备用等重要作用，都是通过厂房中的机电设备来完成的。

4. 下水库

排水和泄洪作用，主要监测水流流量和下游居民疏散情况。

抽水蓄能电站的下水库也是蓄存水量的工程设施，负荷低谷时段可满足抽水水源的需要，负荷高峰时段可蓄存发电放水的水量。

抽水蓄能电站运行具有几大特性：它既是发电厂，又是操作人员，它的填谷作用是其他任何类型发电厂所没有的；它启动迅速，运行灵活、可靠，除调峰填谷外，还适合承担调频、调相、事故备用等任务。目前，中国已建的抽水蓄能电站在各自的电网中都发挥了重要作用，使电网总体燃料得以节省，降低了电网成本，提高了电网的可靠性。现举几个电站的运行情况，说明抽水蓄能电站在系统中的作用。

3.2　工程项目内容分析

随着国家经济的高速发展，电网规模越来越大，抽水蓄能电站在电网中的作用与地位日趋显著，已从早期的调峰填谷改善电源品质逐步过渡到电力系统不可或缺的管理工具，得到了水电建设部门与运行管理机构的高度重视。抽水蓄能电站，是一种具有启动快、负荷跟踪迅速和快速反应的特殊电站。介绍抽水蓄能电站的一些基本知识，包括抽水蓄能电站的工作原理及其功能，适用的电力系统，还有它的静态效益和动态效益，以及电站的特点与组成。

3.2.1　抽水蓄能电站工作原理

电力的生产、输送和使用是同时发生的，一般情况下又不能储存，而电力负荷的需求却瞬息万变。一天之内，白天和前半夜的电力需求较高；下半夜大幅度地下跌，低谷有时只及高峰的一半甚至更少。鉴于这种情况，发电设备在负荷高峰时段要满发，而在低谷时段要压低出力，甚至得暂时关闭，为了按照电力需求来协调使用有关的发电设备，需采取一系列的措施。抽水蓄能电站就是为了解决电网高峰、低谷之间供需矛盾而产生的，是间接储存电能的一种方式。它利用下半夜过剩的电力驱动水泵，将水从下水库抽到上水库储存起来，然后在次日白天和前半夜将水放出发电，并流入下水库。在整个运作过程中，虽然部分能量会在转化时流失，但相比之下，使用抽水蓄能电站仍然比增建煤电发电设备来满足高峰用电而在低谷时压荷、停机这种情况来得便宜，效益更佳。除此以外，抽水蓄能电站还能担负调频、调相和事故备用等动态功能。因而抽水蓄能电站既是电源点，又是电力操作人员；并成为电网运行管理的重要工具，是确保电网安全、经济、稳定生产的支柱。抽水蓄能电站有发电和抽水两种主要运行方式，在两种运行方式之间又有多种从一个工况转到另一工况的运行。

3.2.2　抽水蓄能电站的功能

1. 发电功能

常规水电站最主要的功能是发电，即向电力系统提供电能，通常的年利用时数较高，一般情况下为 3000～5000h。

蓄能电站本身不能向电力系统供应电能，它只是将系统中其他电站的低谷电能和多余电能，通过抽水将水流的机械能变为势能，存蓄于上水库中，待到电网需要时放水发电。蓄能机组发电的年利用时数一般在 800～1000h。蓄能电站的作用是实现电能在时间上的转换。经过抽水和发电两种环节，它的综合效率为 75% 左右。

2. 调峰功能

具有日调节以上功能的常规水电站，通常在夜间负荷低谷时不发电，而将水量储存于水库中，待尖峰负荷时集中发电，即通常所谓带尖峰运行。

而蓄能电站是利用夜间低谷时其他电源（包括火电站、核电站和水电站）的多余电能，抽水至上水库储存起来，待尖峰负荷时发电。因此，蓄能电站抽水时相当于一个用电大户，其作用是把日负荷曲线的低谷填平了，即实现填谷。填谷的作用使火电出力平衡，可降低煤耗，从而获得节煤效益。蓄能电站同时可以使径流式水电站原来要弃水的电能得到利用。

3. 调频功能

调频功能又称旋转备用或负荷自动跟随功能。常规水电站和蓄能电站都有调频功能，但在负荷跟踪速度和调频容量变化幅度上蓄能电站更为有利。

常规水电站自启动到满载一般需数分钟。而抽水蓄能机组在设计上就考虑了快速启动和快速负荷跟踪的能力。

现代大型蓄能机组可以在一两分钟之内从静止达到满载，增加出力的速度可达每秒 1 万 kW，并能频繁转换工况。最突出的例子是英国的迪诺威克蓄能电站，其 6 台 300MW 机组，设计能力为每天启动 3～6 次；每天工况转换 40 次；6 台机处于旋转备用时可在 10s 达到全厂出力 1320MW。

4. 调相功能

调相运行的目的是为稳定电网电压，包括发出无功的调相运行方式和吸收无功的进相运行方式。常规水电机组的发电机功率因数为 0.85～0.9，机组可以降低功率因数运行，多发无功，实现调相功能。抽水蓄能机组在设计上有更强的调相功能，无论在发电工况或在抽水工况，都可以实现调相和进相运行，并且可以在水轮机和水泵两种旋转方向进行，故其灵活性更大。另外，蓄能电站通常比常规水电站更靠近负荷中心，故其对稳定系统电压的作用要比常规水电机组更好。

5. 事故备用功能

有较大库容的常规水电站都有事故备用功能。

6. 黑启动功能

黑启动是指出现系统解列事故后，要求机组在无电源的情况下迅速启动。

3.3　工程项目实施步骤

3.3.1　创建工程项目

首先打开组态王 6.55 工程管理器，在左上工具栏按"新建"，新建"抽水蓄能电站监控系统"工程，如图 3.1 所示。

双击工程管理器中的工程，打开工程浏览器，在工程浏览器中左侧的"工程目录显示区"中选择"画面"，在右侧视图中双击"新建"，弹出新画面对话框如图 3.2 所示。

3.3.2　工程项目画面设置

把画面修改成切换页面后，单击图中确定按钮后，在工具箱和图库中选中相应图形进行画面的布置，布置后的切换首页如图 3.3 所示。

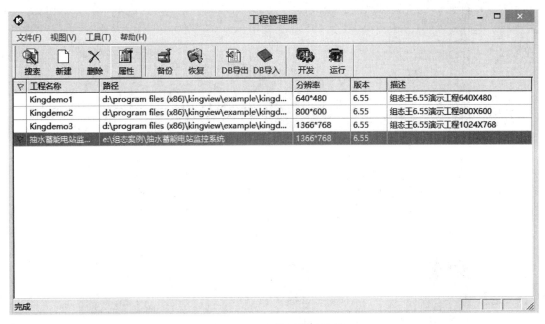

图 3.1　工程管理器对话框

图 3.2　新画面对话框

新建监控系统主画面后，画面如图 3.4 所示。

本界面是以抽水泵抽水运行系统由 2 个反应罐、发电机 1 台、按钮 3 个、时间计数器 1 个、电量表 1 个、管道 2 根以及画面插图组成，本界面的变量设置如下：

报警窗口按钮设置，如图 3.5 所示。

实时报表按钮设置，如图 3.6 所示。

历史报表按钮设置，如图 3.7 所示。

图 3.3 首页

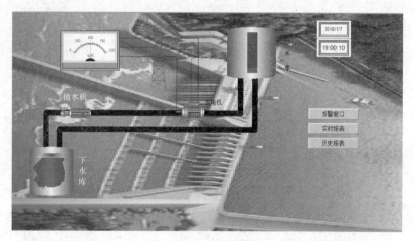

图 3.4 功能切换

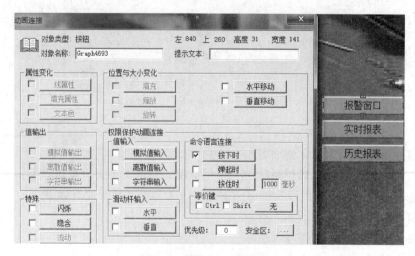

图 3.5 报警窗口按钮设置

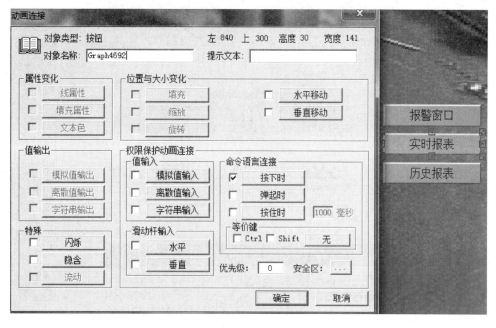

图 3.6 实时报表按钮设置

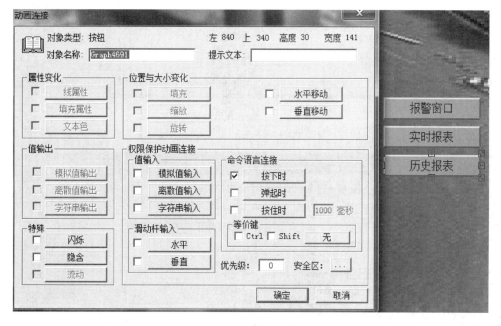

图 3.7 历史报表按钮设置

管道流动变量设置，如图 3.8 所示。
反应罐变量上水位填充设置，如图 3.9 所示。
反应罐变量下水位填充设置，如图 3.10 所示。

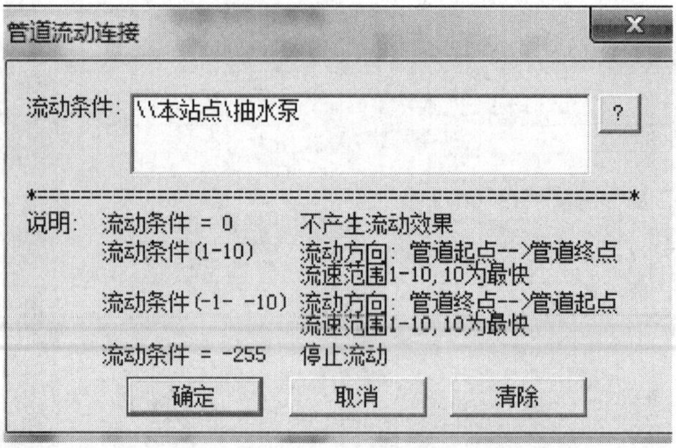

图 3.8　管道流动变量设置

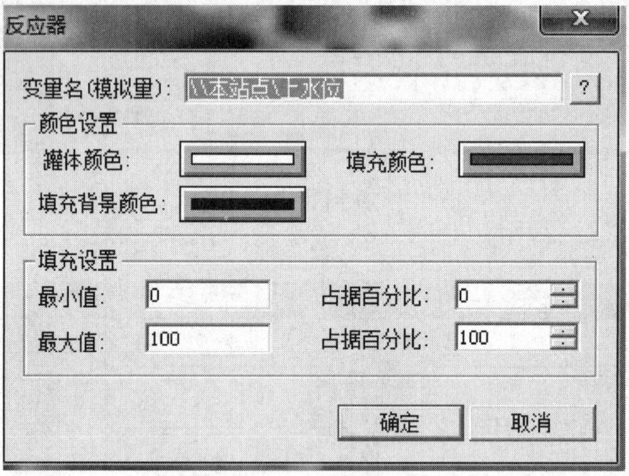

图 3.9　上水位填充设置

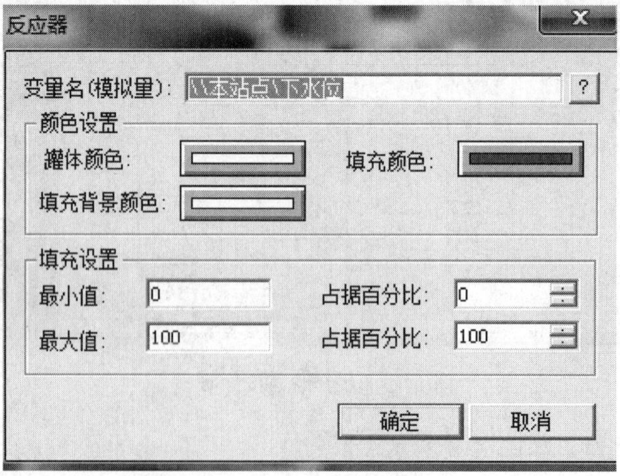

图 3.10　下水位填充设置

抽水泵变量设置，如图 3.11 所示。

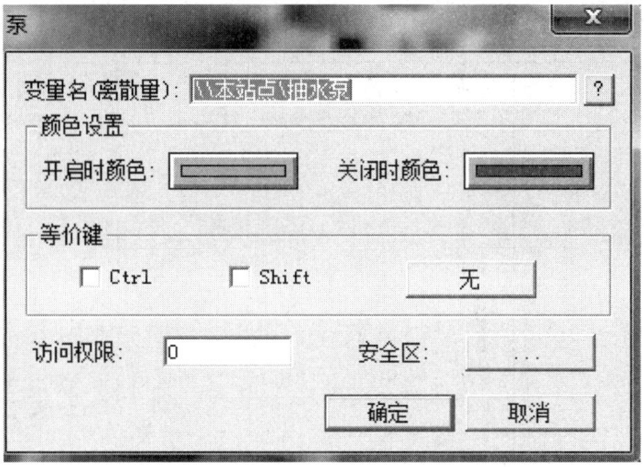

图 3.11　抽水泵变量设置

发电机变量设置，如图 3.12 所示。

图 3.12　发电机变量设置

画面切换对话框，如图 3.13 所示。

本项目共采用了 6 个画面，分别是首页、登录界面、抽水系统主画面、报警窗口、历史数据报表和实时数据报表，画面在运行过程中可以互相切换，也可直接退出。

3.3.3　定义数据变量

本项目的变量采用了三种，分别是 I/O 整型、内存离散和内存整数，内存离散用于开关按钮，I/O 整型、内存整数用于变量，详细如图 3.14 所示。

3.3.4　定义 I/O 设备

工程项目通信协议的设定在工程浏览器的设备中点 COM1，后在右边的"新建..."，中连接设备驱动→PLC→亚控→仿真 PLC→COM，后按下下一步→下一步→第一个串口选择 COM1→下一步→下一步→下一步→完成，就可以实现与仿真 PLC设备的连接。

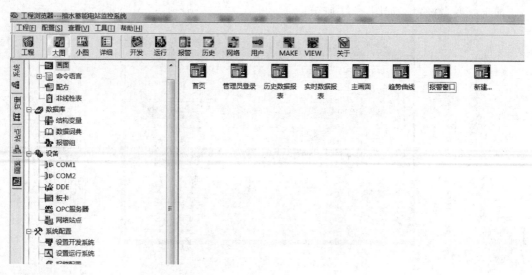

图 3.13　画面切换对话框

上水位	I/O整型	21	新IO设备
下水位	I/O整型	22	新IO设备
抽水泵	内存离散	23	
发电机	内存离散	24	
电量表	I/O实型	25	新IO设备
调整跨度	内存整型	26	
卷动百分百	内存整型	27	
阀门	内存离散	28	
开关	内存离散	29	
电量11	I/O整型	32	新IO设备

图 3.14　变量汇总

3.3.5　工程项目命令语言

事件命令语言对话框，如图 3.15 所示。

图 3.15　事件命令语言对话框

数据改变命令语言对话框，如图 3.16～图 3.18 所示。

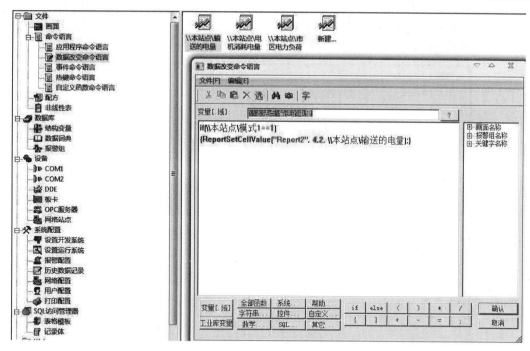

图 3.16   数据改变命令语言对话框（一）

图 3.17   数据改变命令语言对话框（二）

图 3.18　数据改变命令语言对话框（三）

3.3.6　操作人员配置的步骤

（1）双击操作人员配置，弹出"操作人员和安全区配置"对话框，可以设置系统管理员组和操作人员（图 3.19）。

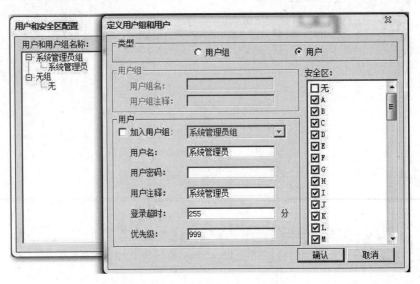

图 3.19　操作人员设置对话框

（2）系统管理员组设置。

1）系统管理员一般设置为最高权限和最高级别的安全区。

2）双击系统管理员会弹出"定义操作人员组和操作人员"对话框。根据对话里的内容设置系统管理员登录的密码、安全区和优先级。

（3）添加新的操作人员，如工程师、高级工程师、技术员、操作员。每一个人或每一个级别的人都有自己的用户名或不同的极限。

（4）在这个配置中系统管理员进行操作，优先级设定为 999，密码未进行设置，单击确定即可登录进系统。

（5）需要加密的对象优先级应当与该操作人员组的优先级相同时，才能进行加密保护，否则无效。

添加新的操作人员的步骤：

1）单击操作人员配置，弹出"操作人员和安全区配置"，再单击右侧的"新建"，再弹出定义操作人员组和操作人员（图 3.20）。

图 3.20　操作人员组设置

2）单击"定义操作人员组和操作人员"对话框里的"操作人员"。

3）按照对话框设置操作对象登录时的用户名、密码、安全区。

4）设置结束后，做一个登录按钮。

登录按钮的制作：

1）用工具箱里面的按钮工具画一个登录按钮。

2）画好登录按钮后，双击登录按钮，系统弹出动画连接窗口。

3）再单击弹起时按钮，系统弹出"命令语言"。

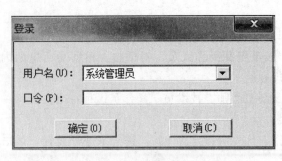

图 3.21 登录界面

4）再命令框中输入命令语言。

单击登录即可，无需密码，如图 3.21 所示。

3.3.7 报警模块

1. 定义报警组

在工程浏览器左侧选择"数据库"中的"报警组"，双击"进入报警组"，弹出"报警组定义"对话框。

修改名称为"抽水蓄能电站监控系统"，增加子报警组上水位（图 3.22）。

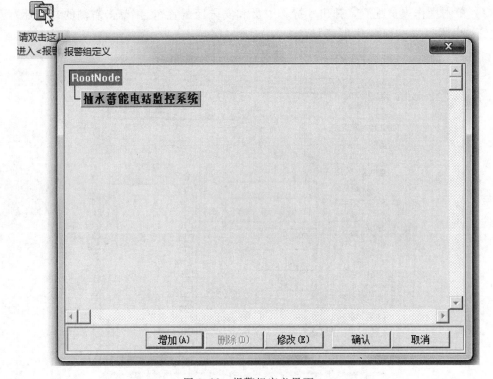

图 3.22 报警组定义界面

在数据词典中定义变量，双击此变量，弹出"变量定义"对话框进行设置，如图 3.23 所示。建立报警窗口，是用来显示系统中发生的报警和事件信息，分为实时报警窗口和历史报警窗口；新建一画面"报警和事件画面"，类型为覆盖式，如图 3.24 所示。

2. 绘制报警窗口

报警窗口如图 3.25 所示。

3. 报警配置属性

报警配置如图 3.26～图 3.28 所示。

变量名	变量描述	变量类型	ID	连接设备

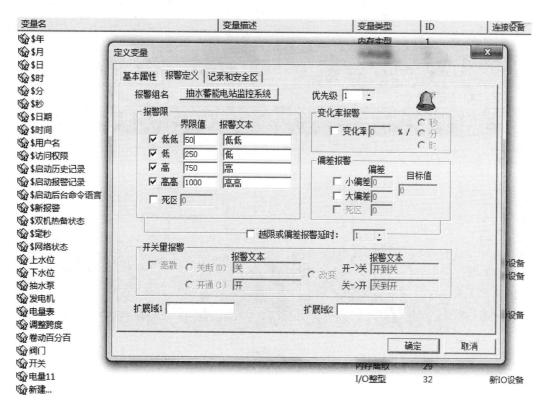

图 3.23 变量报警定义

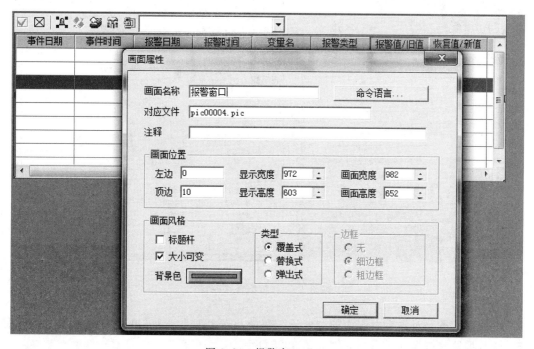

图 3.24 报警窗口（一）

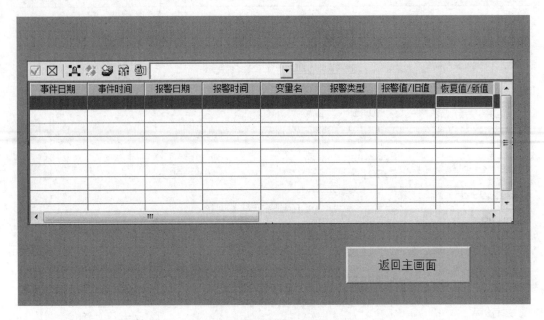

图 3.25 报警窗口（二）

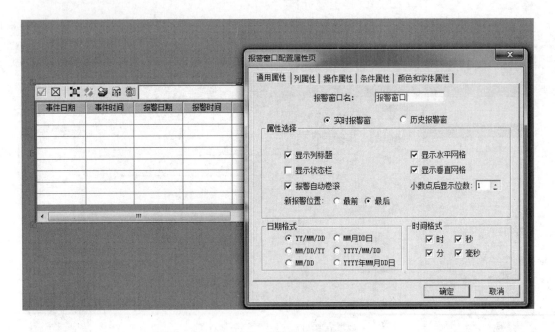

图 3.26 报警配置（一）

本项目的报警对象为电表中的"电量"变量，当大于等于 1000kW 的时候，将出现报警，此时报警窗口自动弹出，详细如图 3.29 所示。

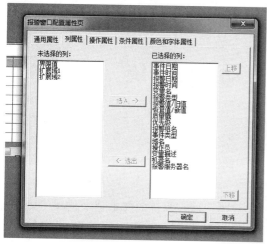

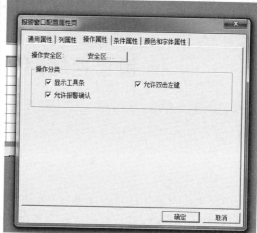

图 3.27　报警配置（二）

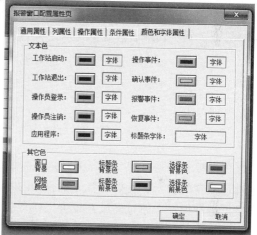

图 3.28　报警配置（三）

事件日期	事件时间	报警日期	报警时间	变量名	报警类型	报警值/旧值	恢复值/新值
---	---	18/01/07	20:06:06.847	电量表	高高	100.0	---

返回主画面

图 3.29　报警运行窗口

粮食仓储储备自动管理系统

4.1 工程项目目的

随着工业自动化技术的发展，人们对自动化检测、监控系统的要求越来越高。一方面希望可靠性、实时性强，界面友好、操作简单；另一方面又要求开发周期短，系统便于升级改造。因此最好的办法就是在系统中利用各种控制软件包。

粮食仓储储备自动控制管理系统主要由监控系统组成，监控系统包括仓容管理，粮食的入仓。粮库把收购的粮食经过烘干以后即进入粮仓，在一定的温度和湿度下进行保存，温度或湿度超过标准时需要进行通风，仓容管理系统由一台计算机控制。

入仓是由一台控制器控制的，同时也可以现场人工手动控制。在触摸屏上可以看到粮仓的情况，有无粮食，并且可以控制粮食进入有空余的粮仓，实时监控各个粮仓的情况。

4.2 工程项目内容分析

中央粮食储备监控与电气系统，主要由监控系统和电气系统组成，监控系统包括仓容管理，粮食的入仓、发放。粮库把收购的粮食经过烘干以后即进入粮仓，在一定的温度、湿度下进行保存，通过发放系统可把粮食装到卡车上运往外地。仓容管理由提升机，两台传送机组成。当卡车把收购的粮食运进来，按下启动按钮可自动把粮食放到传送带上，然后经过提升机运往第二条传送带，再装入仓库。

项目分为主画面、加工车间、实时曲线画面、报警画面。设计主画面，主要是粮仓外部的一个总体画面，主要包括三大运行区分别为卸粮区、粮食加工区、运粮区。卸粮区主要是对运过来的粮食对加工前的一个环节，加工区主要是对粮食的一个加工环节，主要对粮食加温烘干，防止潮湿、腐蚀、变质以及萌芽等情况。实时曲线主画面要对画面中的一些变量比较形象直观的变化。报警画面主要对画面变量数据变化值的一个报表。

国家粮食仓储储备自动控制管理系统的应用非常广泛，组态王软件集监视和控制于一体，操作方便，运行稳定，很好地实现了粮食发放、接收、测温以及粮情监控、仓储容量自动化一体管理的要求。

4.2.1 系统构成

（1）仓储系统主要由干粮接收塔、烘干粮接收塔、浅园仓、发放塔等构成。

（2）系统流程。系统分为四部分：

干粮接收：卸粮坑→斗提机→输送机→入仓。

烘干粮接收：烘后仓→输送机→入仓。

储存接收：储存仓→输送机→出粮阀→出库。

4.2.2　系统配置特点

下位数据采集可通过 PLC 完成，如欧姆龙系列，上位采用组态王开发监控画面并进行监控，以实现实时控制和动态监控（本次实训由于只是仿真，采用的是亚控–仿真 PLC）。

4.2.3　系统功能

运行方式：自动运行，实现自动粮情监测，粮食通风、冷却自动化。

操作人员界面：系统提供管理员界面与用户界面。

实时监控：动态自动监测作业流程，动态显示流程画面、自动控制设备的开关、温度等相关参数。

报警功能：系统有自动报警的功能，并能纪录故障时间、原因等信息。

打印输出：系统能定时或实时打印故障信息、系统运行信息、操作员操作等信息。

保存数据：系统具有自动保存数据和与其他应用程序交换数据的功能，可以和各种粮食数据管理系统软件进行数据交换，使储运监控和信息管理有机地结合在一起。

4.2.4　组态王组态和编程

组态王可读取 PLC 监测到的设备运行状态、模拟量采样数据等信息，根据这些实时数据，在屏幕上动态显示各个储运流程情况、包括各个控制设备的运行情况等。一旦发现故障报警信息，系统即显示明显报警画面，向 PLC 发出相应动作指令，保存并记忆故障发生的时间、方位和原因等原始数据，还可根据客户需求保存历史数据、定时、实时打印数据。

4.3　工程项目实施步骤

4.3.1　创建工程项目

运行组态环境，在"组态王"工程管理器选择选单"文件\新建工程"或单击"新建"按钮。在工程路径文本框中输入一个有效的工程路径，或单击"浏览…"按钮后在弹出的路径选择对话框中选择一个有效的路径。在工程名称文本框中输入工程的名称，该工程名称同时将被作为当前工程的路径名称。在工程描述文本框中输入对该工程的描述文字。工程名称长度应小于 32 个字节，工程描述长度应小于 40 个字节。单击"完成"完成工程的新建（图 4.1）。

单击确定后弹出选择文件的地址，定义的文件名。定义好后单击完成，在开始画面单击项目打开（图 4.2～图 4.4）。

4.3.2　定义 I/O 设备

仿真 PLC 的连接：单击左边菜单栏的设备（图 4.5），选择设备 COM1 或设备 COM2，双击新建 I/O 设备，弹出图 4.6 所示窗口选择亚控–仿真 PLC – COM，单击下一步，根据需要修改数据单击下一步直至完成。

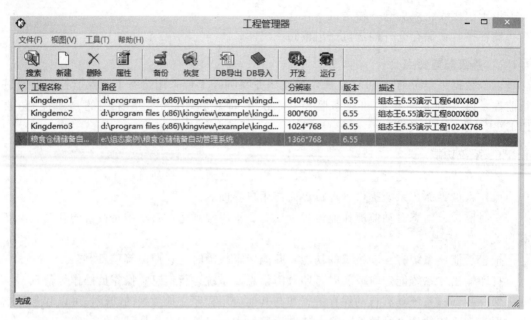

图 4.1 工程管理器对话框

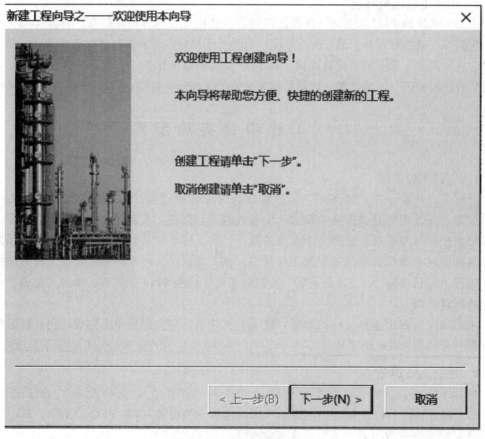

图 4.2 创建向导对话框

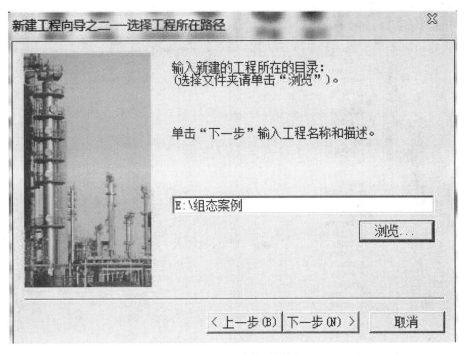

图 4.3　工程路径对话框

图 4.4　工程名称对话框

图 4.5 设备串口对话框

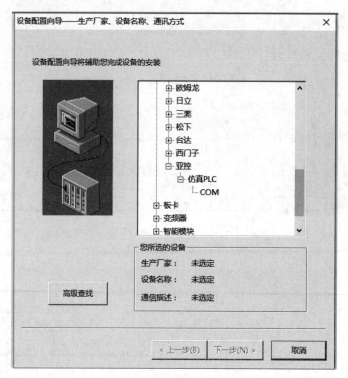

图 4.6 仿真 PLC 对话框

4.3.3 工程项目画面设置

单击左侧菜单栏的画面-新建,如图 4.7 所示。

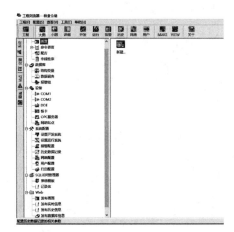

图 4.7 新建画面对话框

本项目设计共设置 1 个登录画面,3 个主画面,2 个报表画面,5 个历史或实时报表画面,1 个报警画面。

1. 登录画面

登录画面有登陆、进入系统、退出系统的功能,按下进入系统登录是以管理员身份登录,可查看报表曲线、打印报表、查询报表数据等功能。如果直接按进入系统则只是以游客身份登录只能查看主画面和报警画面(图 4.8)。

图 4.8 登录界面

2. 筛选画面

通过运输车把粮食从农田运输到粮食库,粮库通过运输带把粮食运输到卸粮坑,卸粮坑通过总闸把粮食运输到各个接收仓进行筛选,筛选出来的粮食通过运输到烘干仓,在这里还有温度实时显示。实时温度超标还会发出报警(图 4.9 和图 4.10)。

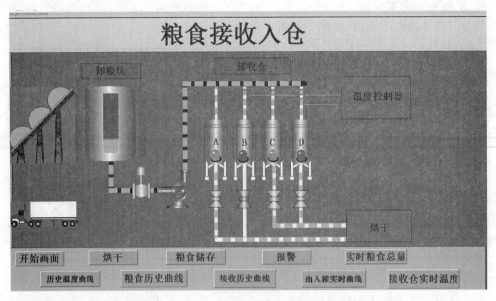

图 4.9　粮食接收入仓界面

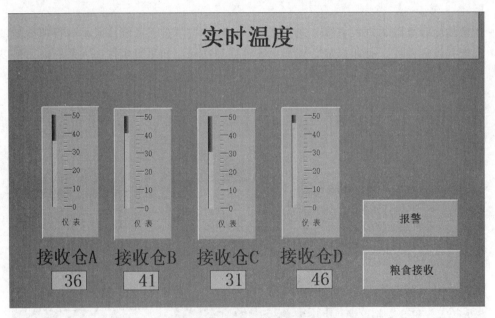

图 4.10　实时温度界面

3. 烘干画面

从筛选仓出来通过烘干仓烘干，运出到储存仓（图 4.11）。

4. 粮食储存

通过烘干仓后，粮食进入储存仓，储存仓通过阀门控制将粮食倒入运输车送到粮食场（图 4.12）。

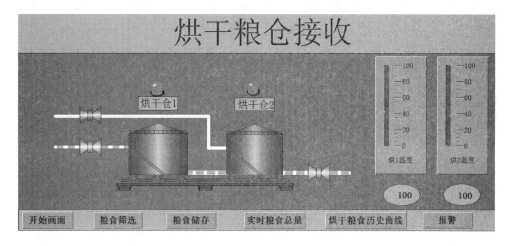

图 4.11　烘干粮仓接收界面

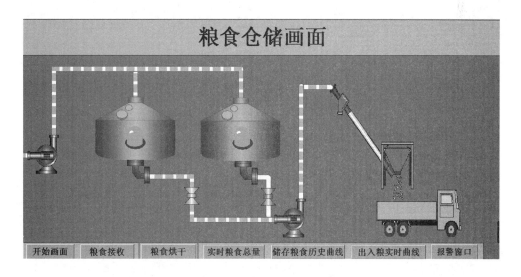

图 4.12　粮食仓储画面

4.3.4　定义数据变量

　　数据库是"组态王"软件的核心部分，在工程管理器中，选择"数据库\数据词典"，双击"新建图标"，弹出变量属性对话框，创建机械手的各个变量数据，数据变量是构成实时数据库的基本单元，建立实时数据库的过程也是定义数据变量的过程。定义数据变量的内容主要包括：指定数据变量名称、类型、初始值和数值范围，确定与数据变量存盘相关的参数，如存盘的周期、存盘的时间范围和保存期限等。数据对象有 I/O 离散、I/O 整型、I/O 字符半型、内存离散等 8 种类型。不同类型的数据对象，属性不同，用途也不同。

　　设计中的数据变量如图 4.13 所示。

卸粮坑	I/O整型	21	新IO设备	INCREA100
进料阀	内存离散	22		
进料阀A	内存离散	23		
进料阀B	内存离散	24		
进料阀C	内存离散	25		
进料阀D	内存离散	26		
烘干阀1	内存离散	27		
烘干阀2	内存离散	28		
烘干总阀	内存离散	29		
烘干罐1	I/O整型	30	新IO设备	RADOM89
烘干罐2	I/O整型	31	新IO设备	RADOM88
出粮闸1	内存离散	32		
出粮闸2	内存离散	33		
出粮仓1	I/O整型	34	新IO设备	RADOM88
出粮仓2	I/O整型	35	新IO设备	RADOM87
运出粮	I/O整型	36	新IO设备	INCREA100
接收仓A	I/O整型	37	新IO设备	DECREA50
接收仓B	I/O整型	38	新IO设备	RADOM54
接收仓C	I/O整型	39	新IO设备	RADOM52
接收仓D	I/O整型	40	新IO设备	DECREA51
烘干仓1	I/O整型	41	新IO设备	RADOM82
烘干仓2	I/O整型	42	新IO设备	RADOM87
温1	I/O整型	51	新IO设备	RADOM50
温2	I/O整型	52	新IO设备	RADOM51
温3	I/O整型	53	新IO设备	RADOM52
温4	I/O整型	54	新IO设备	RADOM53
温5	I/O整型	55	新IO设备	RADOM500
温6	I/O整型	56	新IO设备	RADOM501
方向	内存离散	57		
移动	内存整型	58		
粮	内存离散	59		
报表查询变量	内存字符串	61		
接收仓灯1	内存离散	62		
接收仓灯2	内存离散	63		
接收仓灯3	内存离散	64		
接收仓灯4	内存离散	65		
烘干灯1	内存离散	66		
烘干灯2	内存离散	67		
储存灯1	内存离散	68		
储存灯2	内存离散	69		

图 4.13 数据变量汇总

4.3.5 工程项目命令语言

1. 画面命令语言程序

（1）筛选命令语言。

小车命令语言：

if(\\本站点\方向＝＝1)

{\\本站点\移动＝\\本站点\移动＋10;}

if(\\本站点\移动＝＝70)

{\\本站点\方向＝0;}

if(\\本站点\方向＝＝0)

{\\本站点\移动＝\\本站点\移动－10;}

if(\\本站点\移动＝＝0)

{\\本站点\方向＝1;}

筛选画面指示灯命令语言：

if(\\本站点\出粮仓1＞75)

{\\本站点\储存灯1＝1;}

if(\\本站点\出粮仓2＞75)

{\\本站点\储存灯2＝1;}

if(\\本站点\出粮仓1<75)
{\\本站点\储存灯1=0;}
if(\\本站点\出粮仓2<75)
{\\本站点\储存灯2=0;}

（2）烘干命令语言。

烘干指示灯命令语言：
if(\\本站点\烘干仓1>70)
{\\本站点\烘干灯1=1;}
if(\\本站点\烘干仓2>70)
{\\本站点\烘干灯2=1;}
if(\\本站点\烘干仓1<70)
{\\本站点\烘干灯1=0;}
if(\\本站点\烘干仓2<70)
{\\本站点\烘干灯2=0;}

（3）储存命令语言。

送粮车命令语言：
if(\\本站点\方向==1)
{\\本站点\移动=\\本站点\移动+10;}
if(\\本站点\移动==70)
{\\本站点\方向=0;}
if(\\本站点\方向==0)
{\\本站点\移动=\\本站点\移动-10;}
if(\\本站点\移动==0)
{\\本站点\方向=1;}

储粮仓命令语言：

if(\\本站点\出粮仓1>75)
{\\本站点\储存灯1=1;}
if(\\本站点\出粮仓2>75)
{\\本站点\储存灯2=1;}
if(\\本站点\出粮仓1<75)
{\\本站点\储存灯1=0;}
if(\\本站点\出粮仓2<75)
{\\本站点\储存灯2=0;}

2.画面各种图素命令语言程序
登录系统命令语言：

LogOn();

ShowPicture("粮食进场筛选动画");

进入系统命令语言：

ShowPicture("粮食进场筛选动画");

退出系统命令语言：

Exit(0);

打印报表命令语言：

ReportPrint2('Report0');

报表预览：

ReportPrintSetup('Report0');

清空数据：

ReportSetCellString2('Report0',3,2,8,2,'');
　ReportSetCellString2('Report0',3,4,8,4,'');

保存：

```
string wj;
wj="E:\组态 111\";
wj=wj+\\本站点\＄日期＋
StrFromInt(\\本站点\＄时,10)＋
StrFromInt(\\本站点\＄分,10)＋
StrFromInt(\\本站点\＄秒,10)+".rtl";
ReportSaveAs("Report0",wj);
```

3. 动画连接命令语言程序小车命令语言

```
if(\\本站点\方向==1)
{\\本站点\移动=\\本站点\移动+10;}
if(\\本站点\移动==70)
{\\本站点\方向=0;}
if(\\本站点\方向==0)
{\\本站点\移动=\\本站点\移动-10;}
if(\\本站点\移动==0)
{\\本站点\方向=1;}
```

4.3.6　实时趋势曲线与历史趋势曲线

1. 功能概述

很多工业现场都会要求显示采集量的趋势曲线，包括实时曲线、历史曲线。组态王中的趋势曲线的实现方法：利用组态王的"工具箱"中的"实时曲线""历史曲线"实现；利用组态王的"插入通用控件"中的"历史趋势曲线"实现：第一种实现方法的优点在于可以进行 Web 的发布，实现通过 IE 浏览器进行浏览，缺点为支持的曲线笔比较少，许多功能的实现需要通过组态王的函数来实现，使用相对要麻烦；第二种实现方法的优点在于支持同时绘制 16 条曲线，功能比较完善，可以在系统运行时动态增加、删除、隐藏曲线，还可以修改曲线属性，实现无级缩放，曲线打印等，许多功能都不需要通过编写脚本的方法实现，使用比较方便，缺点在于无法进行 Web 的发布。

2. 历史趋势曲线控件的特点

KVHTrend 曲线控件是组态王以 Active X 控件形式提供的绘制历史曲线和 ODBC 数据库曲线的功能性工具。该曲线具有以下特点：即可以连接组态王的历史库，也可以通过 ODBC 数据源连接到其他数据库上，如 Access、SQLServer 等；连接组态王历史库时，可以定义查询数据的时间间隔，如同在组态王中使用报表查询历史数据时使用查询间隔一样；完全兼容了组态王原有历史曲线的功能；最多可同时绘制 16 条曲线。可以在系统运行时动态增加、删除、隐藏曲线；还可以修改曲线属性；曲线图表实现无级缩放；可实现某条曲线在某个时间段上的曲线比较；数值轴可以使用工程百分比标识，也可用曲线实际范围标识，两者之间自由切换；可直接打印图表曲线；可以自由选择曲线列表框中的显示内容；可以选择移动游标时是否显示曲线数值；可以在曲线中显示报警区域的背景色。

本实例的四个历史曲线如图 4.14 所示。

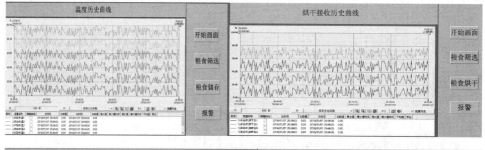
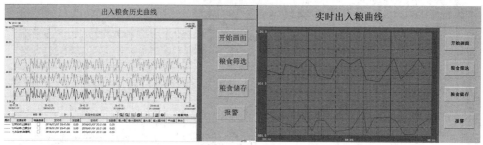

图 4.14　历史曲线

3. 注意事项

（1）变量定义时必须定义为记录，如果定义为"不记录"则无法看到历史曲线。

（2）在控件使用时需要注意 Y 轴坐标的设置要合理。

（3）详细的控件的属性、方法的使用请参考帮助或者手册。

4.3.7　报表功能模块

第一个为实时报表显示，显示实时的粮仓数据，报表可打印预览，清空数据保存等功能（图 4.15）。

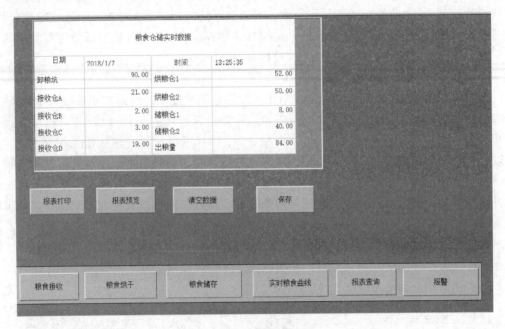

图 4.15　实时数据报表

第二个报表为查询报表，是查询之前保存的数据单击刷新可查看现有现有保存数据，根据数据可作出分析（图 4.16）。

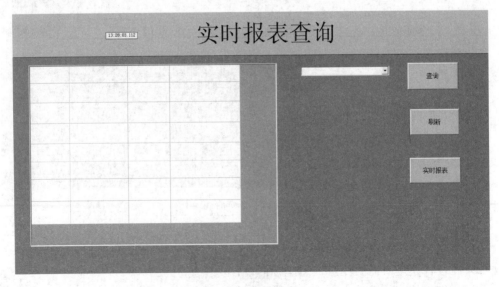

图 4.16　报表查询

4.3.8　报警模块

掌握报警作用，能够独立实现报警的存储与查询。很多工业现场要求将变量的报警信息进行存储，并且可以灵活地进行历史报警的查询、打印。组态王中的实现方法：组态王支持通过 ODBC 接口将数据存储到关系数据库中，并且提供 KVADODBGrid 控件对存储的历史报警信息进行条件查询，并可以对查询结果进行打印。关系数据库可以为 Access 数据库或者 SQLServer 数据库。

通过一个简单的例子实现对报警信息的存储以及历史报警信息的查询。历史报警的查询主要根据日期、报警组为条件进行查询。报警信息存储的数据库以 Access 数据库为例进行。

首先定义报警组，在报警组处双击进行报警组对话框，单击"增加"定义一个"液位报警"报警组，确认完成报警组的定义（图 4.17）。

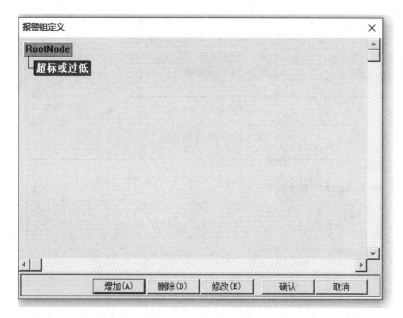

图 4.17　报警组定义

报警组定义完成后，重新编辑变量定义，在变量定义的"报警定义"选项中温度或粮食数量变量进行报警定义（图 4.18）。

将记录和安全区改为数据变化记录，灵敏度为 0（图 4.19）。

变量的报警就定义完成后，新建一个"实时报警"画面，在工具箱中选择报警窗口，然后在画面上完成报警窗口的制作，双击画面上的报警窗口，为报警窗口命名为"报警"，根据需要可以对报警窗口进行灵活的配置，详细的配置可以参考组态王手册或者组态王帮助，但是必须注意报警窗口的名字一定要填写，如果报警窗口没有名字，则此报警窗口无效。

报警窗口定义完成后，如果此时进入运行系统，则当出现报警后，报警信息会在报警窗口中出现（图 4.20）。

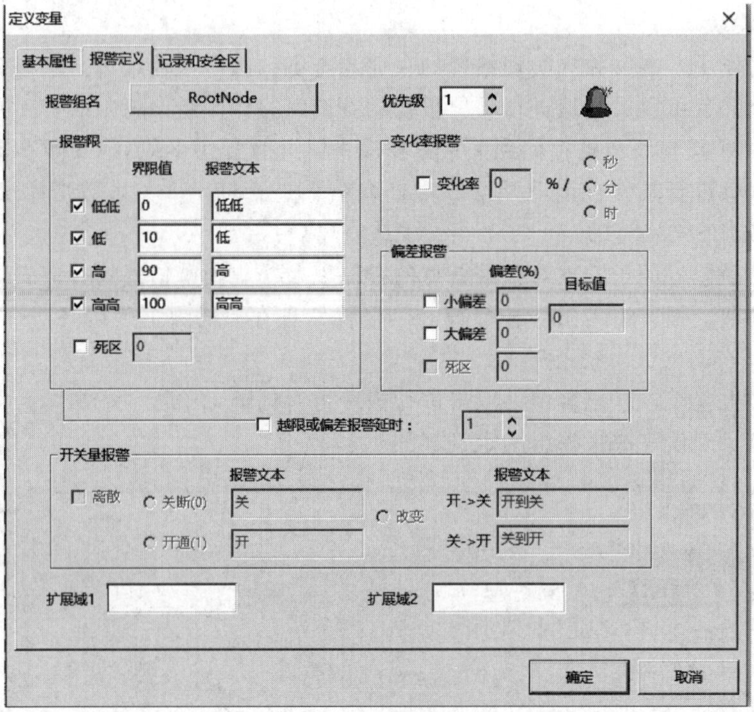

图 4.18 变量报警定义

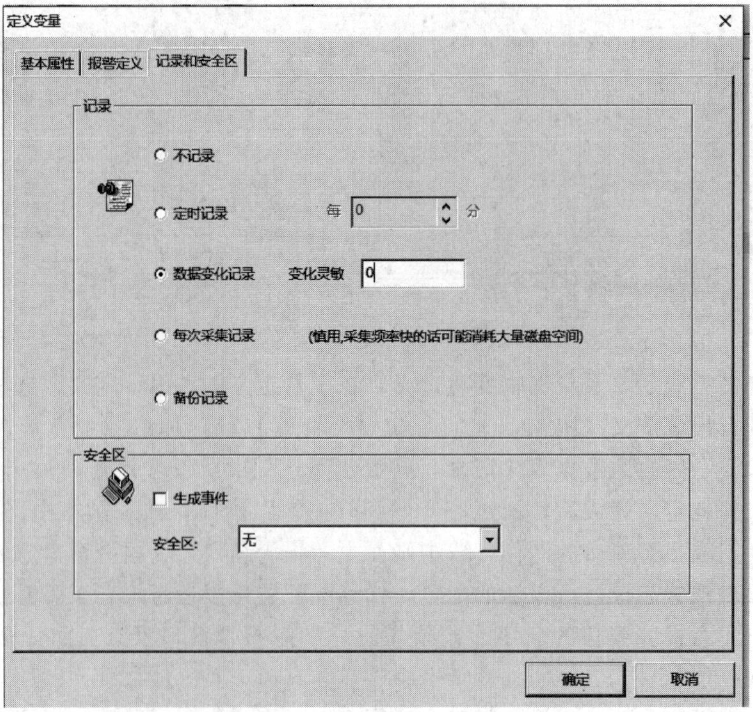

图 4.19 数据变化记录

事件日期	事件时间	报警日期	报警时间	变量名	报警类型	报警值/旧值	恢复值/新值	界限值	质量戳	优先级	报警组名	事件类型
—	—	18/01/07	13:28:03.112	温6	高高	100.0	—	100.0	192	1	RootNode	报警
18/01/07	13:28:03.112	18/01/07	13:28:01.921	温6	低	5.0	100.0	50.0	192	1	RootNode	恢复
18/01/07	13:28:03.112	18/01/07	13:28:01.921	温3	低低	0.0	37.0	0.0	192	1	RootNode	恢复
18/01/07	13:28:03.112	18/01/07	13:28:00.736	温2	高	46.0	26.0	40.0	192	1	RootNode	恢复
—	—	18/01/07	13:28:03.112	温1	低	9.0	—	10.0	192	1	RootNode	报警
—	—	18/01/07	13:28:03.112	接收仓B	低	7.0	—	10.0	192	1	RootNode	报警
18/01/07	13:28:03.112	18/01/07	13:28:01.921	出粮仓2	低	8.0	50.0	10.0	192	1	RootNode	恢复
—	—	18/01/07	13:28:03.112	烘干滩1	低	3.0	—	10.0	192	1	RootNode	报警
—	—	18/01/07	13:28:01.921	温6	低	5.0	—	50.0	192	1	RootNode	报警
18/01/07	13:28:01.921	18/01/07	13:27:54.798	温6	高高	100.0	5.0	100.0	192	1	RootNode	恢复
18/01/07	13:28:01.921	18/01/07	13:28:00.736	温4	低低	0.0	24.0	0.0	192	1	RootNode	恢复
—	—	18/01/07	13:28:01.921	温3	低低	0.0	—	0.0	192	1	RootNode	报警
18/01/07	13:28:01.921	18/01/07	13:27:59.547	温1	低	5.0	14.0	10.0	192	1	RootNode	恢复
—	—	18/01/07	13:28:01.921	出粮仓2	低	8.0	—	10.0	192	1	RootNode	报警
18/01/07	13:28:01.921	18/01/07	13:28:00.736	烘干滩1	低	1.0	61.0	10.0	192	1	RootNode	恢复
—	—	18/01/07	13:28:01.921	温4	低低	0.0	—	0.0	192	1	RootNode	报警
18/01/07	13:28:00.736	18/01/07	13:27:59.547	温3	低	1.0	25.0	10.0	192	1	RootNode	恢复
—	—	18/01/07	13:28:00.736	温2	高	46.0	—	40.0	192	1	RootNode	报警
18/01/07	13:28:00.736	18/01/07	13:27:59.547	温2	高高	50.0	46.0	50.0	192	1	RootNode	恢复
18/01/07	13:28:00.736	18/01/07	13:27:59.547	接收仓B	低	6.0	32.0	10.0	192	1	RootNode	恢复
—	—	18/01/07	13:28:00.736	烘干滩1	低	1.0	—	10.0	192	1	RootNode	报警
—	—	18/01/07	13:27:59.547	温5	高高	100.0	—	100.0	192	1	RootNode	报警
18/01/07	13:27:59.547	18/01/07	13:27:58.361	温5	高	99.0	100.0	90.0	192	1	RootNode	恢复
18/01/07	13:27:59.547	18/01/07	13:27:58.361	温4	低	5.0	12.0	10.0	192	1	RootNode	恢复
—	—	18/01/07	13:27:59.547	温3	低	1.0	—	10.0	192	1	RootNode	报警
—	—	18/01/07	13:27:59.547	温2	高高	50.0	—	50.0	192	1	RootNode	报警
18/01/07	13:27:59.547	18/01/07	13:27:58.361	温2	高	45.0	50.0	40.0	192	1	RootNode	恢复
—	—	18/01/07	13:27:59.547	温1	低	5.0	—	10.0	192	1	RootNode	报警
18/01/07	13:27:59.547	18/01/07	13:27:58.361	烘干仓2	低	8.0	21.0	10.0	192	1	RootNode	恢复
		18/01/07	13:27:59.547	接收仓B	低	6.0		10.0	192	1	RootNode	报警

开始画面　　　粮食接收　　　粮食烘干　　　粮食储存

图 4.20　报警演示

楼宇智能安防系统

5.1　工程项目目的

在楼宇的系统中，安防系统扮演着极为重要的角色，现代化的保卫管理，需要人防与技防科学地结合。随着现代技术日新月异地发展，安全自动化已成为安全保卫、综合管理、防灾、防盗不可缺少的重要组成部分。智能保安系统应在罪犯有侵入意图和动作时及时发现，以便于采取措施防患于未然。当罪犯侵入防范区域时，应当通过保安系统了解该活动，当罪犯侵犯防护目标时，保安系统的最后防线应马上启动。除此之外保安系统还应保存事件发生前后的信息记录，帮助有关人员对事件实施过程进行分析。

5.2　工程项目内容分析

由此可见从防止非法入侵、制止犯罪、科学取证的要求出发，为提前发现隐患、及时处理突发事件，确保安全，智能保安系统设计时应划分以下功能，并做到分工明确，重点突出。

5.2.1　功能划分

1. 外部入侵保护功能

防止无关人员侵入，例如从门窗、各种管道进入大厦，第一道防线的目的是将罪犯排除在防区之外。周界围墙、大厦首层各出入口安装的入侵式探测器、红外灯、监听头等将构成这一防线。

2. 区域入侵保护功能

假如犯罪突破第一道防线或已进入大厦，保安系统应提供第二道防线保护，目的是探测是否有人非法进入某些区域。

3. 重点目标保护功能

重点目标保护功能指的是对特定目标的保护，如财务室、档案室、电梯等。

为完成以上功能，本设计中智能保安系统由不同类型的子系统组成，各系统间必须可以完全独立运行，避免某部分设备的故障导致整体系统的瘫痪。

由于智能保安系统所必备的高度可靠性、高度准确性的要求，各子系统间还必须有机结合。例如做到报警与图像显示联动、报警与图像录像联动，除了报警后的图像复核外，在重点区域还可进行声音复核，或安装不同类型探测器进行多重鉴别。由此系统提供高度可信的报警信息。

5.2.2　保安系统

充分考虑甲方的总体功能要求和大厦本身的具体情况，以及系统应达到的实际功能效果，该建筑的智能保安系统包括以下内容。

1. 系统防范的内容

出入口及通道的监控防范；周界及重点部位的报警及监控防范。

2. 系统取证的内容

系统登录操作人员资料、时间、操作指令、布撤防记录等；报警的地址、时间、性质等；报警区域即时的现场及周边场所的图像；日常监控状态图像及同步录像资料。

3. 系统联动的内容

报警的音响与灯光指示；计算机报警平面及部位显示；重要场所图像监控点的跟踪、定位；取证设备的接警后自动切换画面、启动、记录；其他需要联动的安防设备的启动。

5.2.3　系统特点

楼宇智能安防系统从资源利用、功能扩展、安装维护和使用情况等多方面考虑，都是传统的模拟设备无法与之比拟的。数字化、网络化是未来信息科技的发展趋势，办公楼宇网络智能安防系统将本着系统科学性、先进性、开放性、可扩充性、兼容性和灵活性的设计原则，对楼宇智能安防系统进行设计，使其成为一个最具技术领先意义的安保系统。

1. 网络化监控

通过计算机网络，真正做到任何时间、从任何地方、对任何现场都能实现监控。

2. 网络化存储

办公楼宇网络视频监控系统可以实现本地、远程的录像存储及录像查询和回放。

3. 高可靠性

楼宇网络视频监控系统所采用的视频编码器和网络摄像机均为整机嵌入式系统，是工业级设备，具备极高的可靠性，即插即用，无需专人管理，特别适合于无人值守的远程视频监控点。

4. 图像质量

办公楼宇网络视频监控系统所采用的视频编码器和自适应高性能流媒体服务器设备，融合多种新型专利技术，图像流畅、画质清晰，实时性好。

5. 方便使用、操作管理简单

既可以安装客户端软件，也可以直接通过 Web 方式进行远程监控和远程管理，图形化界面，为操作人员提供了灵活的监控画面选择电子地图使用，对云台、变焦的行控制，预置位和镜头的轮巡，以及实现图像抓拍、录像和录像回放、报警和报警联动功能。

6. 信息安全

充分利用网络隧道、防火墙/VPN、加密锁、权限管理、安全认证、实时时钟等技术，保证网络视频监控系统和录像资料不被越权使用和破坏。

7. 有效利用带宽

根据网络带宽视频流可自动调节，办公楼宇网络视频监控系统可以在现有的任何网络中完成各种监控功能。

8. 设备的分级、分组管理

强大的分级、分组功能可将网络摄像机、视频编码器、报警设备等前端设备根据监控地点和管理需要编成不同区域和工作组，区域可以分级（分层）每个工作组可分配数个前端设备，同一个前端设备可同时分配在不同的工作组中。

9. 操作人员的分级、分组管理

根据管理需要可将操作人员划分成不同级别，最上层是超级管理员。不同级别的管理员被赋予不同的权限。管理员可以创建操作人员，分配初始密码。办公楼宇网络视频监控系统管理员可根据需要灵活地分配给相应的操作人员和操作人员组权限。

10. 可扩展性

增加网络摄像机、视频编码器和监控工作站非常简单，能够持续平滑升级和扩展，降低对办公楼宇网络视频监控系统的整体投资成本和其他管理控制兼容。

11. 强大管理平台

分布分级式管理，操作人员可以不受时间、空间限制对办公楼宇网络视频监控目标进行实时监控、实时管理、实时查看、实时指挥。

5.2.4 工程项目设计要求

太阳能安防监控系统：当白天太阳能电池板工作状态时，工作状态灯为绿色，太阳能控制系统检查蓄电池电量。

（1）若蓄电池电量为低电量状态，电压表显示低电压，出现低压报警，此时蓄电池需要充电，向蓄电池充电开关打开，DC-DC变换器开关打开，DC-AC变换器开关关闭，电网供电开关关闭，楼宇负荷的电量由太阳能电池板供应，并且向蓄电池充电。

（2）若蓄电池电量为满电量状态，电压表显示高电压，出现高电压报警，防止蓄电池损坏，此时不需要再向蓄电池充电，向蓄电池充电开关关闭，DC-DC变换器开关依然打开，为楼宇负荷供电。DC-AC变换器开关打开，太阳能电池板把多余电量向电网输送。

（3）若电池电量一般，DC-AC变换器开关关闭，电网供电开关关闭，太阳能电池板通过DC-DC变换器为蓄电池充电并向楼宇负荷供电。

5.3 工 程 项 目 实 施 步 骤

5.3.1 创建工程项目

运行组态环境，在"组态王"工程管理器选择选单"文件\新建工程"或单击"新建"按钮。在工程路径文本框中输入一个有效的工程路径，或单击"浏览..."按钮后在弹出的路径选择对话框中选择一个有效的路径。在工程名称文本框中输入工程的名称，该工程名称同时将被作为当前工程的路径名称。在工程描述文本框中输入对该工程的描述文字。工程名称长度应小于32个字节，工程描述长度应小于40个字节。单击"完成"完成工程的新建（图5.1和图5.2）。

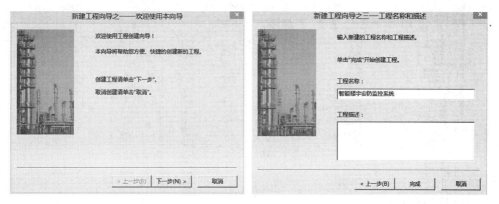

图 5.1　新建工程

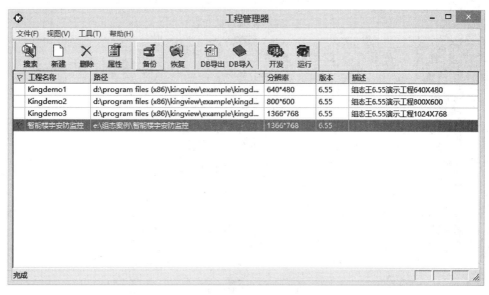

图 5.2　工程管理器

5.3.2　定义数据变量

数据变量是组态王软件的核心部分，在工程管理器中，选择"数据库 \ 数据词典"，双击"新建图标"，弹出变量属性对话框，创建机械手各个变量数据，数据变量是构成实时数据库的基本单元，建立实时数据库的过程也即定义数据变量的过程。定义数据变量的内容主要包括：指定数据变量名称、类型、初始值和数值范围，确定与数据变量存盘相关的参数，如存盘的周期、存盘的时间范围和保存期限等。数据对象有 I/O 开关型、I/O 数值型、I/O 字符型、内存开关型等 8 种类型。不同类型的数据对象，属性不同，用途也不同。

设计中的数据变量，如图 5.3 所示。

整型变量的定义，如图 5.4 所示。

离散变量的定义，如图 5.5 所示。

变量属性中的报警定义，如图 5.6 所示。

图 5.3　数据变量汇总

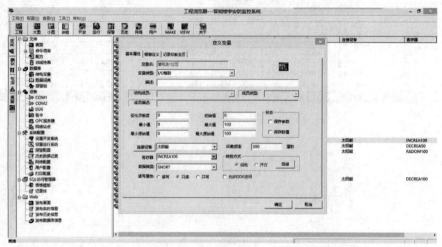

图 5.4　整型变量定义

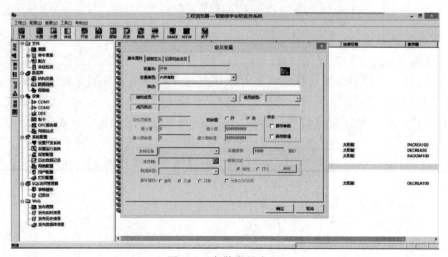

图 5.5　离散变量定义

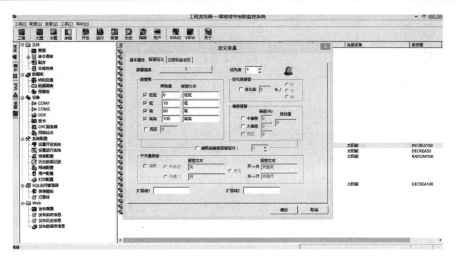

图 5.6 变量报警定义

5.3.3 工程项目画面设置

1. 画面制作

在开发平台上建立"太阳能安防监控系统"和"火灾自动淋喷系统"窗口并设置好窗口属性。通过绘图工具箱中的工具，绘制出组建系统所需的各个元件，调用系统控件制作控制按钮，利用文字标签对相应元件进行注释。最后生成的整体效果图如图 5.7 和图 5.8 所示。

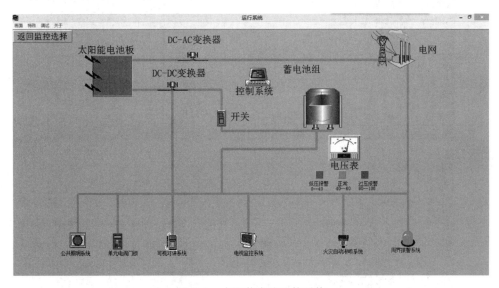

图 5.7 太阳能安防监控系统

2. 动画连接

由图形对象搭制而成的图形界面是静止不动的，需要对这些图形对象进行动画设计，真实地描述外界对象的状态变化，达到过程实时监控的目的。组态王实现图形动画设计的主要方法是将操作人员窗中的图形对象与实时数据库中的数据对象建立相关性连接，并设置相应的动画属性。

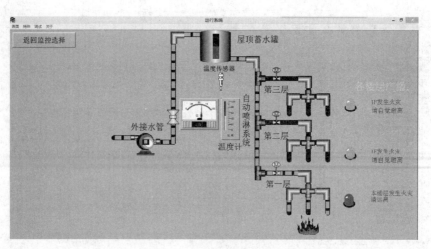

图 5.8 火灾自动淋喷系统

（1）切换画面，如图 5.9 所示。

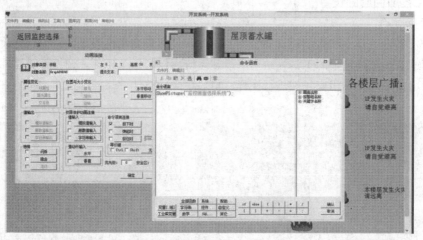

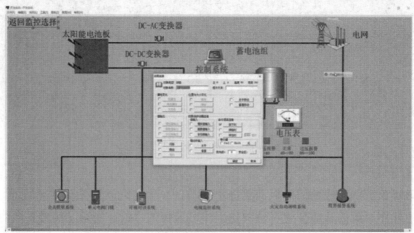

图 5.9 切换画面

（2）开关设置，如图 5.10 所示。

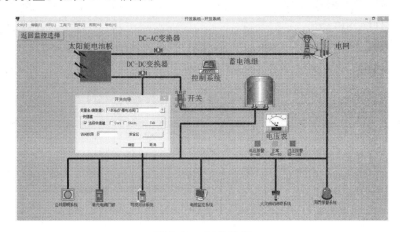

图 5.10 开关设置

（3）蓄电池，如图 5.11 所示。

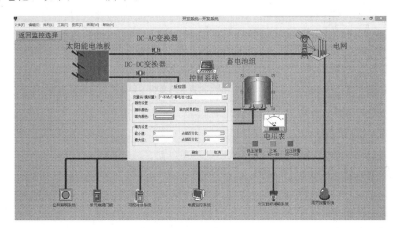

图 5.11 蓄电池填充效果

（4）指示灯，如图 5.12 所示。

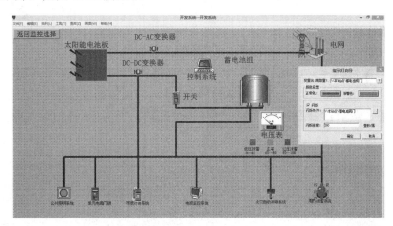

图 5.12 指示灯设置

5.3.4 工程项目命令语言

控制系统程序如下：

（1）阀门压力的控制：

```
if(\\本站点\蓄电池 1 过压<=40)
{
\\本站点\蓄电池阀门=1;
}
if(\\本站点\蓄电池 1 过压==40)
{
\\本站点\蓄电池阀门=0;
}
if(\\本站点\蓄电池 1 过压>=80)
{
\\本站点\蓄电池阀门=1;
}
```

（2）阀门液位控制：

```
if(\\本站点\蓄水罐>=50)
{
\\本站点\蓄水罐阀门=1;
}
if(\\本站点\蓄水罐<=40)
{
\\本站点\蓄水罐阀门=0;
}
if(\\本站点\蓄水罐>=60)
{
\\本站点\蓄水罐阀门全楼层=1;
}
if(\\本站点\蓄水罐<=30)
{
\\本站点\蓄水罐阀门全楼层=0;
}
```

5.3.5 定义 I/O 设备

如图 5.13 所示，在 COM1 下新建设备，出现设备配置导向。

234

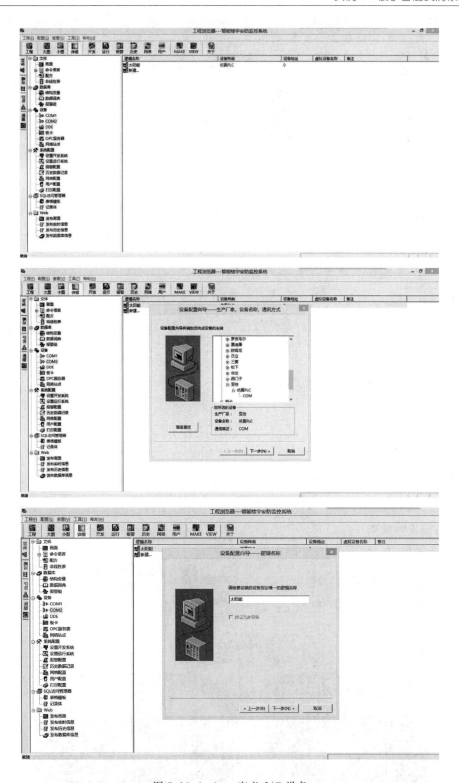

图 5.13（一） 定义 I/O 设备

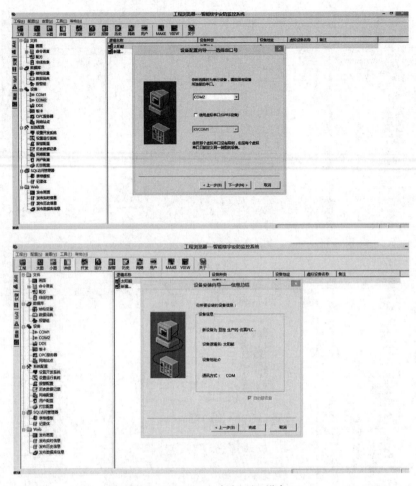

图 5.13（二）　定义 I/O 设备

5.3.6　系统设计框架

（1）登录界面，如图 5.14 和图 5.15 所示。

图 5.14　登录首页

图 5.15 操作人员登录

（2）监控中心，如图 5.16 所示。

图 5.16 监控中心

（3）太阳能监控中心，如图 5.17 所示。

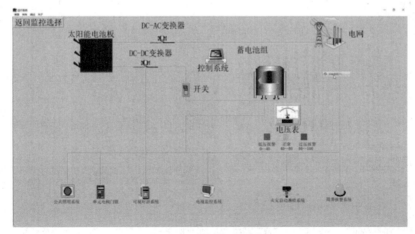

图 5.17 太阳能监控中心

（4）自动喷淋系统，如图 5.18 所示。

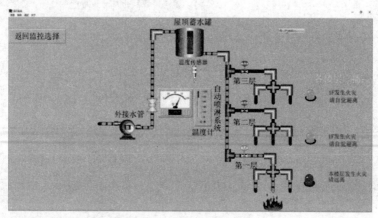

图 5.18　自动喷淋系统

（5）历史报警系统，如图 5.19 所示。

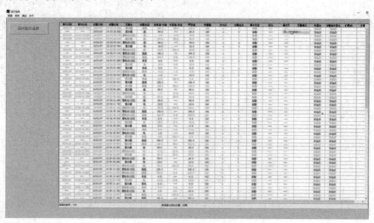

图 5.19　历史报警系统

（6）趋势曲线系统，如图 5.20 所示。

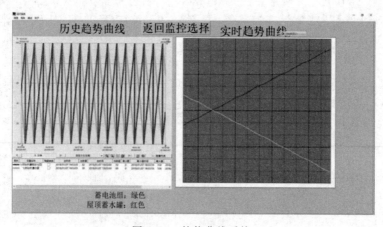

图 5.20　趋势曲线系统

（7）实时报表系统，如图 5.21 所示。

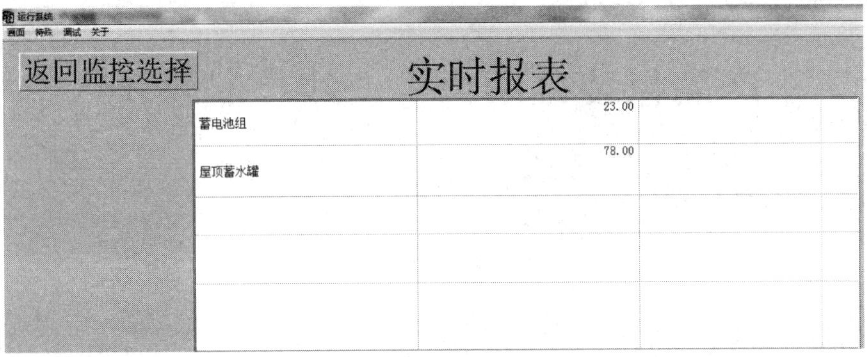
运行系统
画面 特殊 调试 关于
返回监控选择
实时报表
蓄电池组
23.00
屋顶蓄水罐
78.00

图 5.21　实时报表系统

产品包装自动化生产线控制系统

6.1 工程项目目的

组态王软件在产品包装线上的应用。产品包装线主要用于食品、制药、卫生用品制造等行业。现将组态王用于此类项目的实施进行简单的说明。

此类工程的实施目的主要是使用组态王软件实现对生产线的自动监控和对产品信息的记录、查询等操作，为以后进行生产决策提供合理、翔实的依据。

目前，产品包装线系统的硬件组成是 PC 机配合 PLC 的方式来完成。

针对规模比较小的产品包装线可采用下面硬件配置，其系统简单、价格适中，可以满足操作人员的基本需求。其系统的配置一般为：工控机＋变频器（如 OMRON 的变频器）＋S7－200PLC（也可以是别的公司的小型 PLC，如三菱 FX 系列中的产品）＋条码阅读器（MicroScan 系列中的产品）。

6.2 工程项目内容分析

6.2.1 系统功能

运行方式：自动运行和手动操作相结合，实现自动粮情监测，粮食通风、冷却自动化。

操作人员界面：系统提供友好界面和方便易用的控制、在线帮助。

实时监控：动态自动监测作业流程，动态显示流程画面、自动控制设备的开关、温度、压力、速度等相关参数。

报警功能：系统有自动报警的功能，并能纪录故障时间、原因等信息。

打印输出：系统能定时或实时打印故障信息、系统运行信息、操作员操作等信息。

保存数据：系统具有自动保存数据和与其他应用程序交换数据的功能，可以和各种粮食数据管理系统软件进行数据交换，使储运监控和信息管理有机地结合在一起。

在线帮助：系统提供在线帮助信息，操作员遇到问题能及时得到帮助和指导。

6.2.2 数据收集

组态王可读取 PLC 监测到的设备运行状态、模拟量采样数据等信息，根据这些实时数据，在屏幕上动态显示各个储运流程情况、包括各个控制设备的运行情况等。一旦发现故障报警信息，系统即显示明显报警画面，向 PLC 发出相应动作指令，保存并记忆故障发生的时间、方位和原因等原始数据，还可根据客户需求保存历史数据、定时、实时打印数据。

注：变频器主要用来控制生产线的速度，可以用组态王直接控制变频器，也可用 PLC 来对它进行控制。

软件为组态王通用软件。这个系统比较小，生产过程也不太复杂。

6.3　项　目　实　施

6.3.1　创建工程项目

（1）运行组态环境。在工程管理器选择单击"文件 \ 新建工程"或单击"新建"按钮。在工程路径文本框中输入一个有效的工程路径，或单击"浏览..."按钮后在弹出的路径选择对话框中选择一个有效的路径。在工程名称文本框中输入工程的名称，该工程名称同时将被作为当前工程的路径名称。在工程描述文本框中输入对该工程的描述文字。工程名称长度应小于 32 个字节，工程描述长度应小于 40 个字节。单击"完成"完成工程的新建。

即创建了一个新的工程，在"是否将该工程设为当前工程"的对话框中选是，即可对该工程进行操作，如图 6.1 所示。

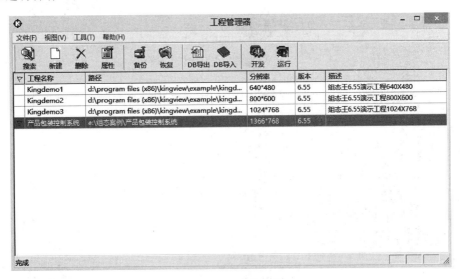

图 6.1　工程管理器

（2）选择工程所保存的路径，如图 6.2 和图 6.3 所示。

6.3.2　工程项目画面设置

刚进入程序时，会有如下提示，确定后进入工程管理器画面，如图 6.4 所示。

双击画面上的　　　　选项，进入新画面编辑，如图 6.5 所示。

输入画面名称（如包装生产线）后单击确定进入开发系统界面，其他属性目前不用更改。单击"确定"按钮进入内嵌的组态王画面开发系统，如图 6.6 所示。

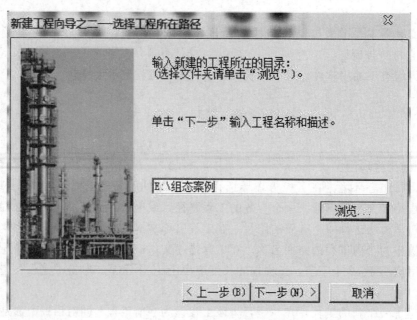

图 6.2 工程项目路径

图 6.3 工程名称创建

在组态王画面开发系统中从"工具箱"中选择"矩形"图标，绘制一个矩形对象，选择"文件\全部存"命令保存现有画面。

1. 画面切换

利用系统提供的"菜单"工具和 Show Picture（）函数能够实现在主画面中切换到其他任一画面的功能。具体操作如下：

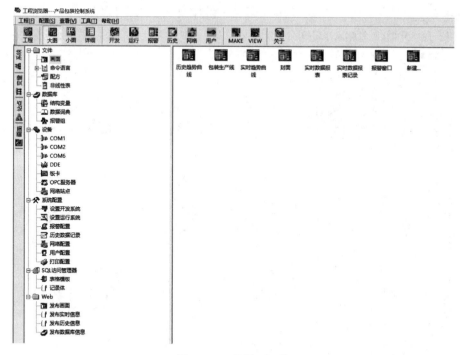

图6.4　工程界面汇总

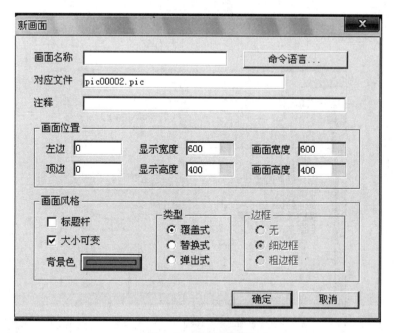

图6.5　新画面编辑

（1）选择工具箱中的"菜单"工具，将鼠标放到监控画面的任一位置并按住鼠标左键画一个按钮大小的菜单对象，双击该对象将出"菜单定义"对话框，设置如图6.7所示。

（2）菜单项输入完毕后单击"命令语言"按钮，弹出"命令语言"对话框，如图6.7

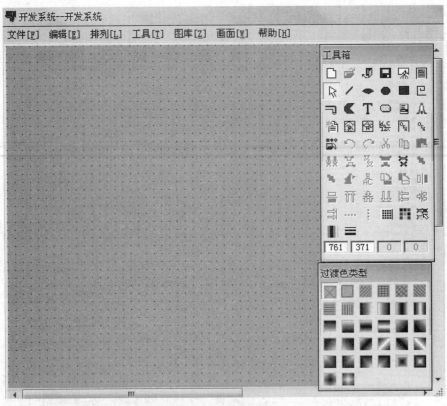

图 6.6　画面开发界面

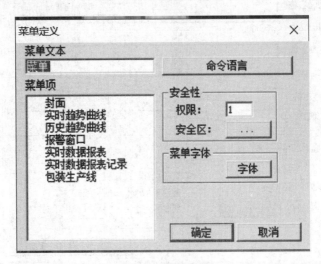

图 6.7　画面切换

所示，在其中输入命令语言。

（3）单击"确认"按钮关闭对话框，当系统进入运行状态时，单击菜单中的每一项，即可进入相应画面。

输入命令语言（图 6.8）。

```
If(menuindex==0)
ShowPicture("封面");
if(menuindex==1)
ShowPicture("实时趋势曲线");
if(menuindex==2)
ShowPicture("历史趋势曲线");
if(menuindex==3)
ShowPicture("报警窗口");
if(menuindex==4)
ShowPicture("实时数据报表");
if(menuindex==5)
ShowPicture("实时数据报表记录");
if(menuindex==6)
ShowPicture("包装生产线");
```

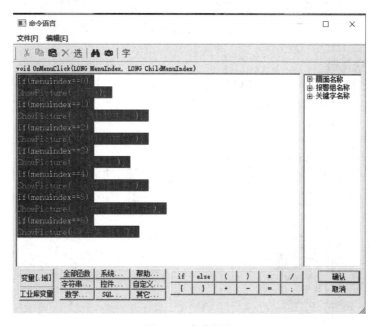

图 6.8　命令语言

2. 退出系统

通过 Exit() 函数可以实现退出组态王运行系统，返回到 Windows。

（1）选择工具箱中的"按钮"工具，在画面上画一个按钮，选中按钮并右击，在弹出的下拉菜单中执行"字符串替换"命令，设置按钮文本为"系统退出"。

（2）双击按钮，弹出动画连接对话框，在此对话框中选择"弹起时"选项，弹出"命令语言"对话框，在其中输入如下命令语言：Exit(0)。

（3）单击"确认"按钮关闭对话框，当系统进入运行状态时单击此按钮，系统将退出组态王运行环境（图 6.9）。

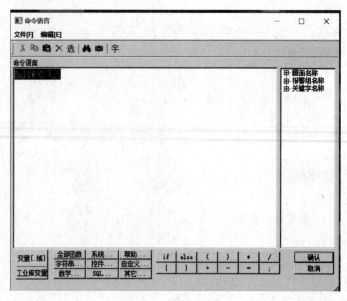

图 6.9 退出命令

6.3.3 定义 I/O 设备

根据设备配置向导就可以完成串口设备的配置，组态王最多可支持 128 个串口。

（1）在工程浏览器的目录显示区，单击大纲项"设备"下的"COM1"或"COM2"，则在目录内容显示区出现"新建"图标，如图 6.10 所示。

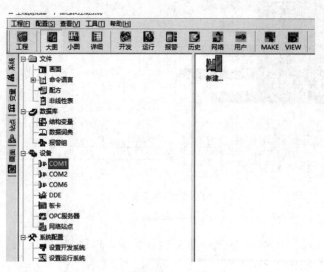

图 6.10 新建 I/O 设备

选中"新建"图标后双击，弹出"设备配置向导——生产厂家，设备名称，通讯方式"对话框；或者右击，则弹出浮动式菜单，选择菜单命令"新建逻辑设备"，也弹出该对话框，如图 6.11 所示。

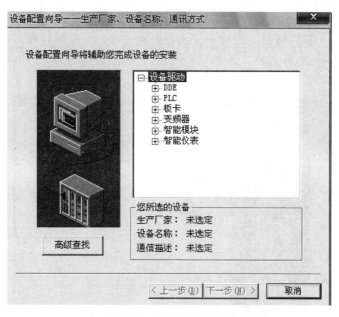

图 6.11　设备驱动对话框

从树形设备列表区中可选择 PLC、智能仪表、智能模块、板卡、变频器等节点中的一个。然后选择要配置串口设备的生产厂家、设备名称、通信方式；PLC、智能仪表、变频器等设备通常与计算机的串口相连接进行数据通信，如图 6.12 所示。

图 6.12　仿真设备串口

选择 PLC 下的亚控系列，并设置为仿真 PLC 通信方式。

（2）单击"下一步"按钮，则弹出"设备配置向导——逻辑名称"对话框，给要配置的串口设备指定一个逻辑名称，单击"上一步"按钮，则可返回上一个对话框，如图 6.13 所示。

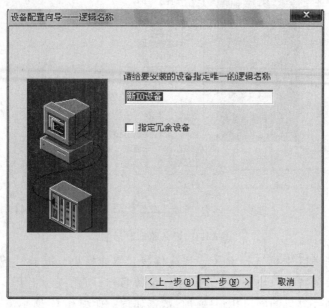

图 6.13　编辑逻辑名称

（3）继续单击"下一步"按钮，则弹出"设备配置向导——选择串口号"对话框。这里选择串口号，暂且选 COM6，到实验室和 PLC 核对是否一致，不一致应当更改串行口下一步，如图 6.14 所示。

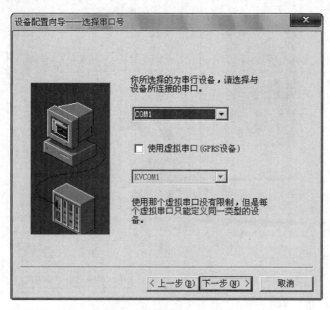

图 6.14　选择设备串口

为配置的串行设备指定与计算机相连的串口号，该下拉式串口列表框共有 128 个串口供工作人员选择。

（4）继续单击"下一步"按钮，则弹出"设备配置向导——设备地址设置指南"对话框，如图 6.15 所示。

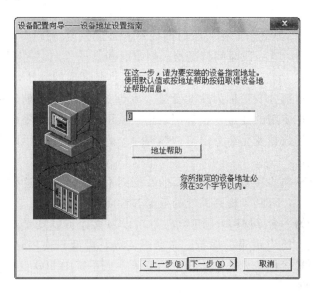

图 6.15 设备地址

工作人员要为串口设备指定设备地址，该地址应对应实际的设备定义的地址。

（5）继续单击"下一步"按钮，则弹出"通信参数"对话框，设备地址应当是 PLC 通信的远程地址，如图 6.16 所示。

图 6.16 设定恢复策略

通信参数默认，这样就创建了一个新的设备，可以在工程浏览器中查看，此向导页配置了一些关于设备在发生通信故障时，系统尝试恢复通信的策略参数。

1）尝试恢复间距。在组态王运行期间，如果有一台设备如 PLC1 发生故障，则组态王能够自动诊断并停止采集与该设备相关的数据，但会每隔一段时间尝试恢复与该设备的通信。

2）最长恢复时间。若组态王在一段时间内一直不能恢复与 PLC1 的通信，则不再尝试恢复与 PLC1 的通信，这一段时间就是最长恢复时间。

3）使用动态优化。组态王对全部通信过程采取动态管理的办法，只有在数据被上位机需要时才被采集，这部分变量称为活动变量。活动变量包括：当前显示画面上正在使用变量；历史数据库正在使用的变量；报警记录正在使用的变量；命令语言（应用程序命令语言、事件命令语言、数据变化命令语言、热键命令语言、当前显示画面用的画面命令语言）中正在使用的变量。

同时，组态王对于那些暂时不需要更新的数据则不进行通信。这种方法可以大大缓解串口通信速率慢的矛盾，有利于提高系统的效率和性能。

例如，工作人员为一台 OMRON PLC 定义了 1000 多个 I/O 变量，但在某一时刻，显示画面上的动态连接、历史记录、报警、命令语言等，可能只使用这些 I/O 变量中的一部分，组态王通过动态优化将只采集这些活动变量。当系统中 I/O 变量数目明显增加时，这种通信方式可以保证数据采集周期不会有太大的变化。

（6）继续单击"下一步"按钮，则弹出"设备配置向导——信息总结"对话框。

此向导页显示已配置的串口设备的设备信息，供设计者查看，如果需要修改，单击"上一步"按钮，则可返回上一个对话框进行修改；如果不需要修改，单击"完成"按钮，则工程浏览器设备节点处显示已添加的串口设备。

6.3.4　工程项目定义变量

数据变量是开发的核心部分，在工程管理器中，选择"数据库\数据词典"，双击"新建"图标，弹出"变量属性"对话框，创建各个变量数据，数据变量是构成实时数据库的基本单元，建立实时数据库的过程也即定义数据变量的过程。

定义数据变量的内容主要包括：指定数据变量名称、类型、初始值和数值范围，确定与数据变量存盘相关的参数，如存盘的周期、存盘的时间范围和保存期限等。数据对象有 8 种类型。不同类型的数据对象，属性不同，用途也不同。

选择工程浏览器左侧大纲项"数据库数据词典"，在工程浏览器右侧双击"新建"图标，弹出"定义数据变量"对话框，其中有已经设置好的变量名称，第一次设计时并没有这些变量

（这些变量是存储在数据词典中的变量），需要新建变量————，如图 6.17 所示。

新建变量

变量类型为 I/O 离散，寄存器根据 PLC 程序中的设计定义成相应位置，数据类型为 Bit 位数据，设为只读（显示监控）。

设计中的数据变量：时间（内存整型）、垂直移动（内存整型）、水平移动（内存整型）、方向（内存整型）、贴标检测 1（内存离散）、装盖检测 1（内存离散）、二维码（内

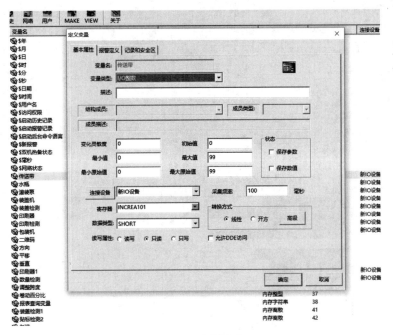

图6.17　变量设定

存离散）、右行灯（内存离散）、夹紧显示（内存离散）、启动（内存离散）、传送带（I/O整型）、水瓶（I/O整型）、灌装泵（I/O整型）、装盖机（I/O整型）、装盖检测（I/O整型）、印刷器（I/O整型）、印刷检测（I/O整型）、传送带（I/O整型）、包装机（I/O整型）、数量检测（I/O整型）、调整跨度（内存整型）、卷动百分比（内存整型）、报表查询变量（内存字符串）。变量定义 单击问号，出现如图6.18所示界面。

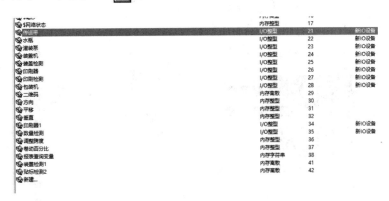

图6.18　变量的汇总

6.3.5　工程项目命令语言

1. 平移命令语言（30）（图6.19）

if(\\本站点\方向＝＝0)

{\\本站点\平移＝\\本站点\平移＋30;}

if(\\本站点\方向==1)

{\\本站点\平移=\\本站点\平移-30;}

if(\\本站点\平移==500)

{\\本站点\方向=1;}

if(\\本站点\平移==0)

{\\本站点\方向=0;}

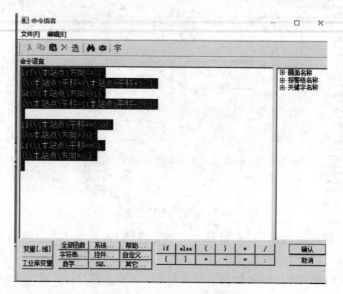

图 6.19　平移命令语言

2. 垂直命令语言（8）（图 6.20）

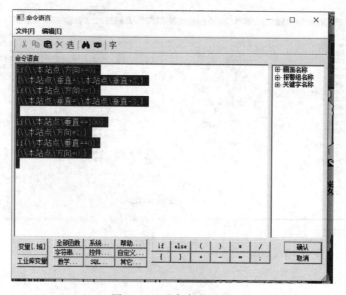

图 6.20　垂直命令语言

if(\\本站点\方向==0)
{\\本站点\垂直=\\本站点\垂直+8;}
if(\\本站点\方向==1)
{\\本站点\垂直=\\本站点\垂直-8;}
if(\\本站点\垂直==100)
{\\本站点\方向=1;}
if(\\本站点\垂直==0)
{\\本站点\方向=0;}

3. 平移命令语言（17）（图 6.21）

if(\\本站点\方向==0)
{\\本站点\平移=\\本站点\平移+17;}
if(\\本站点\方向==1)
{\\本站点\平移=\\本站点\平移-17;}

if(\\本站点\平移==500)
{\\本站点\方向=1;}
if(\\本站点\平移==0)
{\\本站点\方向=0;}

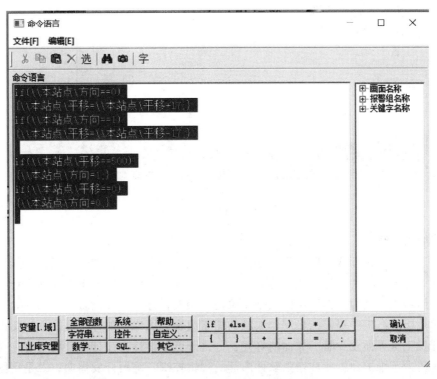

图 6.21　平移命令语言

4. 垂直命令语言（147）（图 6.22）

if(\\本站点\方向＝＝0)

{\\本站点\垂直＝\\本站点\垂直＋147;}

if(\\本站点\方向＝＝1)

{\\本站点\垂直＝\\本站点\垂直－147;}

if(\\本站点\垂直＝＝500)

{\\本站点\方向＝1;}

if(\\本站点\垂直＝＝0)

{\\本站点\方向＝0;}

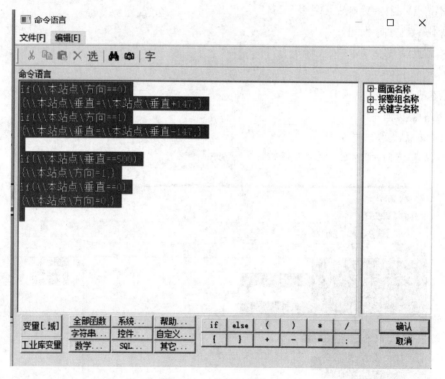

图 6.22　垂直命令语言

6.3.6　动画连接

　　由图形对象搭制而成的图形界面是静止不动的，需要对这些图形对象进行动画设计，真实地描述外界对象的状态变化，达到过程实时监控的目的。实现图形动画设计的主要方法是将图形对象与实时数据库中的数据对象建立相关性连接，并设置相应的动画属性。

　　图库是指组态王中提供的已制作成型的图素组合。图库中的每个成员称为图库精灵使用图库开发工程界面至少有三方面的好处：一是降低了设计者设计界面的难度，使他们能更加集中精力于维护数据库和增强软件内部的逻辑控制，缩短开发周期；二是用图库开发的软件将具有统一的外观，方便设计者学习和掌握；三是利用图库的开放性设计者可以生成自己的图库元素，"一次构造，随处使用"，提高了开发效率。组态王为了便于操作人员更好地使用图库，提供了图库管理器，它集成了图库管理的操作，在统一的界面上，完成"新建图库""更改图库名称""加载操作人员开发的精灵""删除图库精灵"等。

（1）传送带，如图 6.23 所示。

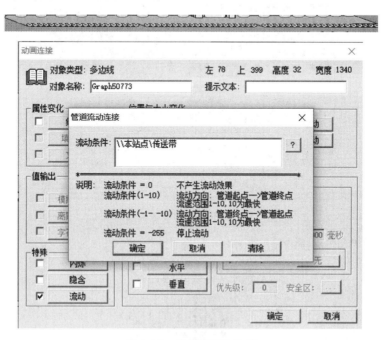

图 6.23　传送带流动效果

（2）灌装泵，如图 6.24 所示。

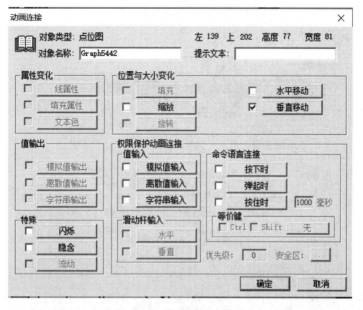

图 6.24　灌装泵垂直移动

（3）自动装盖机，如图 6.25 所示。

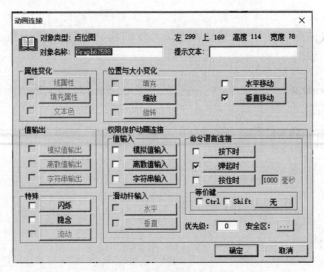

图 6.25 自动装盖机

（4）装盖检测灯，如图 6.26 所示。

图 6.26 装盖检测灯

（5）自动贴标器，如图 6.27 所示。

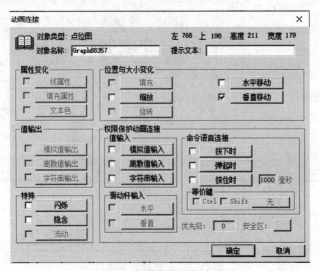

图 6.27 自动贴标器垂直移动

（6）贴标检测灯，如图 6.28 所示。

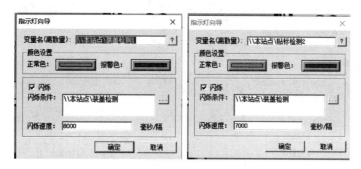

图 6.28　贴标检测灯

（7）包装机，垂直移动动画，在画面上双击"包装机"图素，弹出该对象的"动画连接"对话框，单击"垂直移动"按钮，弹出"垂直移动连接"对话框，连接变量包装机，单击"确定"按钮，完成"包装机"的动画连接（图 6.29）。

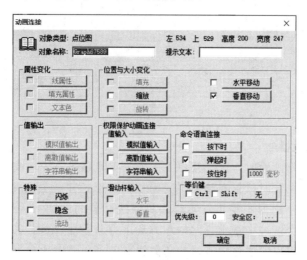

图 6.29　包装机垂直移动

（8）数量检测灯，如图 6.30 所示。

图 6.30　数量检测灯

（9）水平移动动画，在画面上双击"水平"图素，弹出该对象的"动画连接"对话框，单击"水平移动"按钮，弹出"水平移动连接"对话框，连接变量水平，单击"确定"按钮，完成"水平"的动画连接（图6.31）。

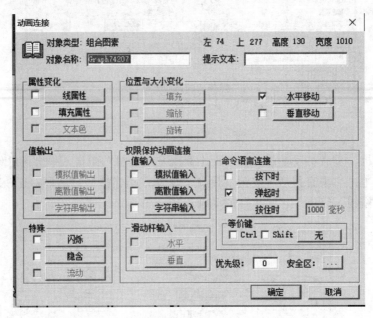

图6.31　水平移动

6.3.7　实时趋势曲线模块

在开发系统中制作画面时，选择菜单"工具＼实时趋势曲线"或单击工具箱中的"画实时趋势曲线"按钮，此时鼠标在画面中变为"＋"形，在画面中用鼠标画出一个矩形，实时趋势曲线就在这个矩形中绘出。实时趋势曲线对象的中间有一个带有网格的绘图区域，表示曲线将在这个区域中绘出，网格左方和下方分别是X轴（时间轴）和Y轴（数值轴）的坐标标注。可以通过选中实时趋势曲线对象（周围出现8个小矩形）来移动位置或改变大小。在画面运行时实时趋势曲线对象由系统自动更新。在生成实时趋势曲线对象后，双击此对象，弹出"实时趋势曲线"对话框，如图6.32所示，其中有两个卡片：曲线定义和标识定义。

1. 曲线定义卡片选项

（1）坐标轴：目前此项无效。

（2）分割线为短线：选择分割线的类型。选中此项后在坐标轴上只有很短的主分割线，整个图纸区域接近空白状态，没有网格，同时下面的"次分线"选择项变灰。

（3）边框色、背景色：分别规定绘图区域的边框和背景（底色）的颜色。单击这两个按钮后的效果与坐标轴按钮类似，弹出的浮动对话框也大致相同，只是没有线型选项。

（4）X方向、Y方向：X方向和Y方向的"主分线"将绘图区划分成矩形网格，"次分线"将再次划分主分线划分出来的小矩形。这两种线都可改变线型和颜色。分割线的数目可以通过小方框右边的加减按钮增加或减少，也可通过编辑区直接输入。设计者可以根

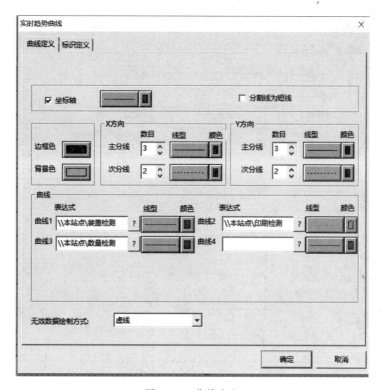

图 6.32　曲线定义

据实时趋势曲线的大小决定分割线的数目，分割线最好与标识定义（标注）相对应。

（5）曲线：定义所绘的 1～4 条曲线 Y 坐标对应的表达式，实时趋势曲线可以实时计算表达式的值，因此它可以使用表达式。实时趋势曲线名的编辑框中可输入有效的变量名或表达式，表达式中所用变量必须是数据库中已定义的变量。

2. 标识定义卡片选项

（1）标识 X 轴——时间轴、标识 Y 轴——数值轴。选择是否为 X 轴或 Y 轴加标识，即组态软件应用技术在绘图区域的外面用文字标注坐标的数值。如果此项选中，下面定义相应标识的选择项也灰变加亮（图 6.33）。

（2）数值轴（Y 轴）定义区。因为一个实时趋势曲线可以同时显示四个变量的变化，而各变量的数值范围可能相差很大，为使每个变量都能表现清楚，组态王中规定，变量在 Y 轴上以百分数表示，即以变量值与变量范围（最大值与最小值之差）的比值表示。

标识数目：数值轴标识的数目，这些标识在数值轴上等间隔。

起始值：规定数值轴起点对应的百分比值，最小为 0。

最大值：规定数值轴终点对应的百分比值，最大为 100。

字体：规定数值轴标识所用的字体。

（3）时间轴定义区。

标识数目：时间轴标识的数目，这些标识在数值轴上等间隔。在组态王开发系统中，时间是以 yy：mm：dd：hh：mm：ss 的形式表示，在 TouchVew 运行系统中，显示实际的时间格式：时间轴标识的格式，选择显示哪些时间量。

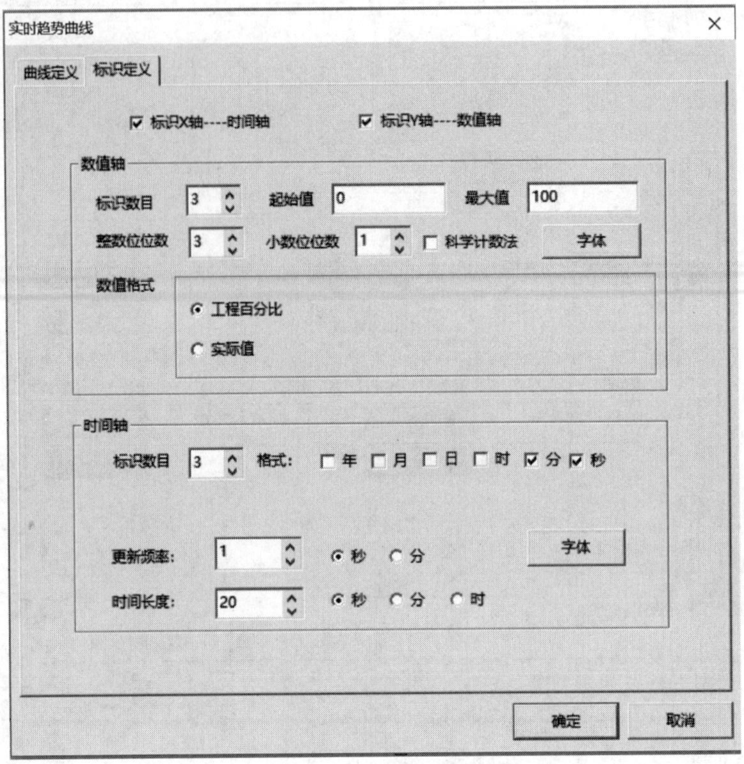

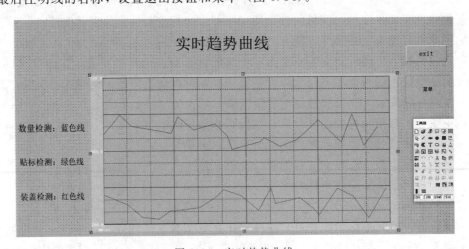

图 6.33　标识定义

更新频率：是指自动重绘一次实时趋势曲线的时间间隔。与历史趋势曲线不同，它不需要指定起始值，因为其时间始终在当前时间到（当前时间一时间长度）之间。

时间长度：时间轴所表示的时间范围。

字体：规定时间轴标识所用的字体。与数值轴的字体选择方法相同。

最后注明线的名称，设置退出按钮和菜单（图 6.34）。

图 6.34　实时趋势曲线

6.3.8　历史趋势曲线模块

定义数据变量范围由于历史趋势曲线数值轴显示的数据是以百分数来显示的，因此，对于要以曲线形式来显示的变量需要特别注意变量的范围，如果变量定义的范围很大，而实际变化范围很小，曲线数据的百分比数值就会很小，在曲线图表上就会出现看不到该变量曲线的情况。

（1）历史趋势曲线的定义。在组态王开发系统中制作画面时，选择菜单"图库打开图库"项，弹出图库管理器，单击其中的"历史曲线"，在图库窗口内双击历史曲线（如果图库窗口不可见，请按 F2 键激活），然后图库窗口消失，鼠标在画面中变为直角形，将鼠标移动到画面上的适当位置，单击左键，历史曲线就复制到画面上了，如图 6.35 所示。可以任意移动、缩放历史曲线。

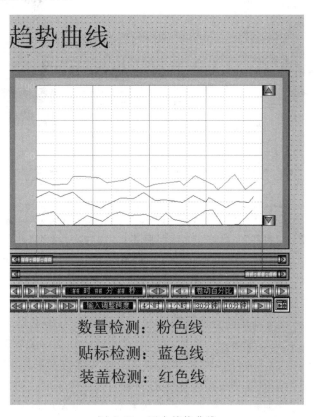

图 6.35　历史趋势曲线

历史趋势曲线对象的上方有一个带有网格的绘图区域，表示曲线将在这个区域中绘出，网格下方和左方分别是 X 轴（时间轴）和 Y 轴（数值轴）的坐标标注。曲线的下方是指示器和两排功能按钮。可以通过选中历史趋势曲线对象（周围出现 8 个小矩形）来移动位置或改变大小。通过定义历史趋势曲线的属性可以定义曲线、功能按钮的参数，改变趋势曲线的笔属性和填充属性等。笔属性是趋势曲线边框的颜色和线型，填充属性是边框和内部网格之间的背景颜色和填充模式。

（2）"历史曲线向导"对话框生成历史趋势曲线对象后，在对象上双击，弹出"历史曲线向导"对话框,由"曲线定义""坐标系""操作面板和安全属性"三个属性卡片组成(图 6.36)。

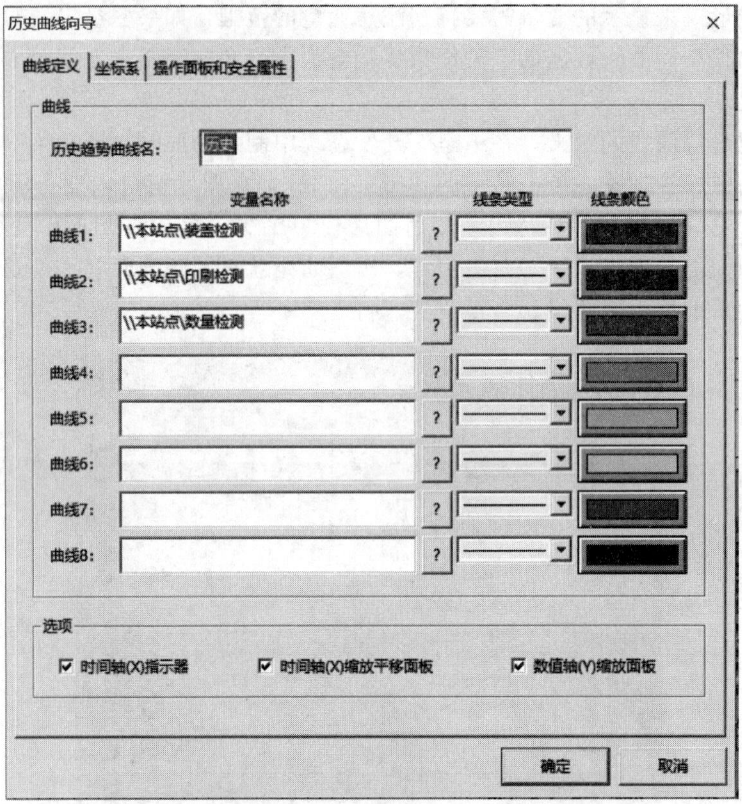

图 6.36 曲线定义

历史趋势曲线名:定义历史趋势曲线在数据库中的变量名(区分大小写),引用历史趋势曲线的各个域和使用一些函数时需要此名称。

曲线 1~曲线 8:定义历史趋势曲线绘制的 8 条曲线对应的数据变量名。数据变量名必须是在数据库中已定义的变量,不能使用表达式和域,并且定义数据变量时在"定义数据变量"对话框中选中了"是否记录",因为组态王只对这些变量作历史记录。

选项:定义历史趋势曲线是否需要显示时间轴(X)指示器、时间轴(X)缩放平移面板和数值轴(Y)缩放面板。这三个面板中包含对历史曲线进行操作的各种按钮"坐标系"属性卡片选项(图 6.37)。

(1)边框颜色、背景颜色。分别规定网格区域的边框颜色和背景颜色。按下相应按钮,弹出浮动调色板,选择所需的颜色,操作方法同曲线的"线条颜色"。

(2)绘制坐标轴。选择是否在网格的底边和左边显示带箭头的坐标轴线。选中"绘制坐标轴"表示需要坐标轴线,同时下面的"轴线类型"下拉列表和"轴线颜色"按钮加亮,可选择轴线的颜色和线型。

(3)分割线。选择分割线的类型。选中"为短线"后在坐标轴上只有很短的主分割线,整个图纸区域接近空白状态,没有网格,同时下面的"次分割线"选择项变灰。

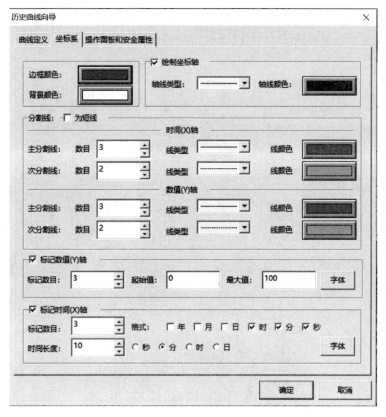

图 6.37　坐标系设定

　　X 方向和 Y 方向的"主分割线"将绘图区划分成矩形网格,"次分割线"将再次划分主分割线划分成的小矩形。这两种线都可在右侧选择各自分割线的颜色和线型。分割线的数目可以通过小方框右边的"加减"按钮增加或减少,也可通过编辑区直接输入。

6.3.9　报表功能模块

　　1. 创建实时数据报表

　　(1) 选择新建画面,确定画面属性与风格,建立"实时数据报表"画面,选择工具。

　　(2) 双击窗口的灰色部分,弹出"报表设计"对话框,设置报表的一般属性,确定报工具箱中的"插入变量"按钮实现,利用同样的方法输入其他动态变量,如图表控件名、表格尺寸等,如图 6.38 所示。

　　(3) 输入静态文字。选中 A1～J1 的单元格区域,执行报表工具箱中的"合并单元格"箱中的"T"工具,在画面上输入文字"实时数据报表";选择工具箱中的报表命令,并在合并完成的单元格中输入"实时报表演示",利用同样的方法输入其他静态文字,在画面上绘制实时数据报表窗口,报表工具箱会自动显字,如图 6.39 所示。

　　(4) 插入动态变量。在单元格 B2 中输入"＝本站点＄日期"

　　2. 实现数据报表的保存

　　在"实时数据报表"画面中添加"数据报表保存"按钮,在当前工作路径下。建立

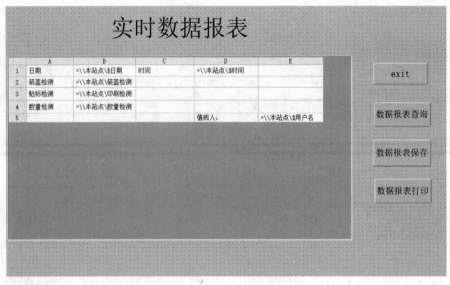

图 6.38 实时数据报表

	A	B	C	D	E
1	日期	=\\本站点\$日期	时间	=\\本站点\$时间	
2	装盖检测	=\\本站点\装盖检测			
3	贴标检测	=\\本站点\印刷检测			
4	数量检测	=\\本站点\数量检测			
5				值班人：	=\\本站点\$用户名

exit

数据报表查询

数据报表保存

数据报表打印

图 6.39 报表设计

"实时数据"文件夹，在"数据报表保存"按钮的弹起事件中编写命令语言程序（图 6.40）。

string filename；
Filename＝"C:\Users\pong\Desktop\pong\Desktop\top\产品包装自动化生产线控制系统\产品包装控制系统\实时数据\新建文件夹"＋
StrFromReal(\\本站点\＄年，0，"f")＋
StrFromReal(\\本站点\＄月，0，"f")＋
StrFromReal(\\本站点\＄日，0，"f")＋
StrFromReal(\\本站点\＄时，0，"f")＋
StrFromReal(\\本站点\＄分，0，"f")＋
StrFromReal(\\本站点\＄秒，0，"f")＋"rtl"；
ReportSaveAs("Report0"，FileName)；

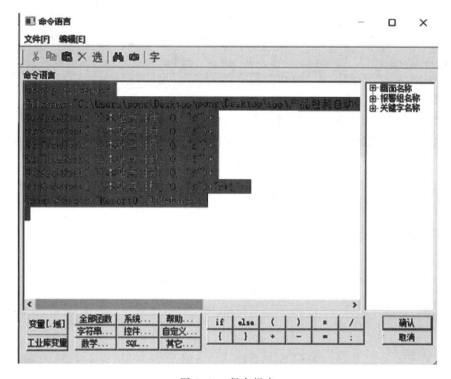

图 6.40 保存报表

单击"确认"按钮，关闭命令语言编辑框。当系统处于运行状态时单击此按钮，数据报表将以当前时间作为文件名保存在"当前工程/实时数据"文件夹中，如图 6.41 所示。

名称	修改日期	类型	大小
新建文件夹	2018/1/4 10:56	文件夹	
新建文件夹2018158541rtl	2018/1/5 8:54	文件	1 KB
新建文件夹2018158543rtl	2018/1/5 8:54	文件	1 KB
新建文件夹2018158544rtl	2018/1/5 8:54	文件	1 KB
新建文件夹2018159139rtl	2018/1/5 9:13	文件	1 KB
新建文件夹2018159325rtl	2018/1/5 9:03	文件	1 KB
新建文件夹2018159326rtl	2018/1/5 9:03	文件	1 KB
新建文件夹2018159346rtl	2018/1/5 9:03	文件	1 KB
新建文件夹2018159348rtl	2018/1/5 9:03	文件	1 KB
新建文件夹2018159832rtl	2018/1/5 9:08	文件	1 KB
新建文件夹2018159833rtl	2018/1/5 9:08	文件	1 KB
新建文件夹2018159927rtl	2018/1/5 9:09	文件	1 KB

图 6.41 保存文档

3. 实现数据报表的打印

在"实时数据报表"画面中添加"数据报表打印"按钮，在按钮弹起事件中编写命令语言程序，如图 6.42 所示。

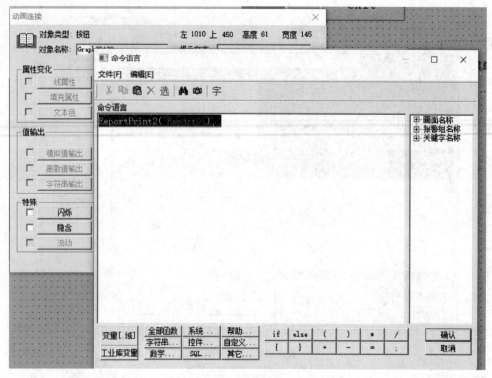

图 6.42 打印命令语言

单击"确认"按钮，关闭命令语言编辑框。当系统处于运行状态时单击此按钮，数据报表将打印出来，如图 6.43 所示。

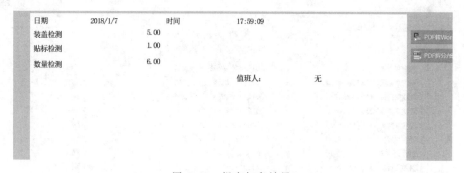

图 6.43 报表打印效果

4. 实现数据报表的查询

利用系统提供的命令语言可将实时数据报表以当前时间作为文件名保存在指定的文件夹中，对于已经保存到文件夹中的报表同样可以在组态王中进行查询。利用组态王提供的下拉组合框与报表窗口控件可以实现上述功能。

(1) 在工程浏览器窗口的数据词典中定义一个内存字符串变量。

变量名→报表查询变量类型→内存字符串初始值→空。

（2）新建"实时数据报表查询"画面，如图 6.42 所示。选择工具箱中的"T"工具，在画面上输入文字"实时数据报表记录"；选择工具箱中的"按钮"工具，添加"查询"按钮；选择"报表窗口"工具，在画面上绘制一个实时数据报表窗口，控件名称为"Report2"选择"插入控件"工具，在画面上插入"下拉式组合框"控件，名称为"list1"。

　　（3）双击"Report2"控件和"list1"控件，分别弹出对话框，设置分别如图 6.44 所示。

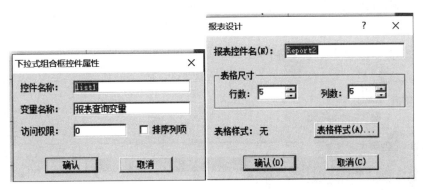

图 6.44　控件属性

　　（4）在画面中右击，在画面属性的命令语言中输入如图所示命令语言，将已经保存到文件夹中的实时报表文件名称在下拉式组合框中显示出来。

　　（5）在"查询"按钮的"弹起"命令语言中编写程序语言，将下拉式组合框中选中的报表文件的数据显示在 Report2 报表窗口中，如图 6.45 所示。

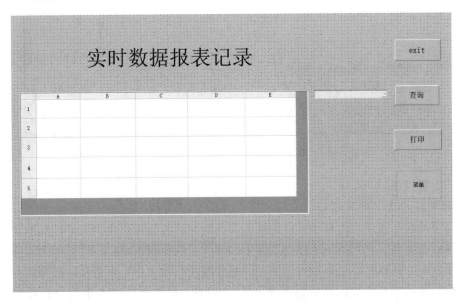

图 6.45　实时数据报表查询

listClear("list1");
ListLoadFileName("list1", "C:\Users\pong\Desktop\ pong\Desktop\top\产品包装自动化生产线控

制系统\产品包装控制系统\实时数据\新建文件夹 * . rtl");

　　string filename;

　　filename="C:\Users\pong\Desktop\ pong\Desktop\top\产品包装自动化生产线控制系统\产品包装控制系统\实时数据\"＋报表查询变量;

　　ReportLoad("Report2",FileName);

　　listClear("list1");

　　ListLoadFileName("list1", "C:\Users\pong\Desktop\ pong\Desktop\top\产品包装自动化生产线控制系统\产品包装控制系统\实时数据\新建文件夹 * . rtl");

　　报表查询命令语言如图 6.46 所示。

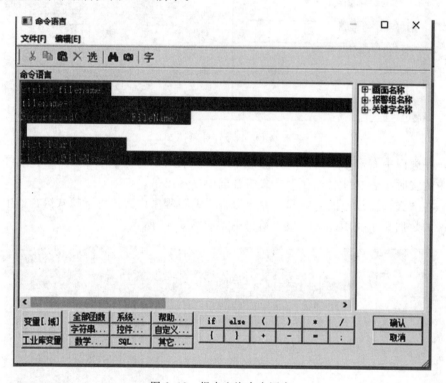

图 6.46　报表查询命令语言

6.3.10　报警模块

1. 报警缓冲区大小的定义

　　报警缓冲区是系统在内存中开辟的操作人员暂时存放系统产生的报警信息的空间,其大小是可以设置的。在组态王工程浏览器中选择"系统配置/报警配置",双击后弹出"报警配置属性页"窗口。对话框的右上角为"报警缓冲区的大小"设置项,报警缓冲区大小设置值按存储的信息条数计算值的范围为 1~10000。报警缓冲区大小的设置直接影响报警窗显示的信息条数。

2. 创建报警窗口

　　在组态王中新建画面,在工具箱中单击"报警窗口"按钮,或选择菜单"工具报警窗口",鼠标箭头变为"＋"形,在画面上适当位置按下鼠标左键并拖动,绘出一个矩形框,当矩形框大小符合报警窗口大小要求时,松开鼠标左键,报警窗口创建成功(图 6.47)。

实时报警窗口

事件日期	事件时间	报警日期	报警时间	变量名	报警类型	报警值/旧值

图 6.47 创建报警窗口

改变报警窗口在画面上的位置时,将鼠标移动到选中的报警窗口的边缘当鼠标箭头变为双"＋"形时,按下鼠标左键,拖动报警窗口,到合适的位置,松开鼠标左键即可。选中的报警窗口周围有 8 个带箭头的小矩形,将鼠标移动到小矩形的上方,鼠标箭头变为双向箭头时,按下鼠标左键并拖动,可以修改报警窗口的大小。

3. 配置实时和历史报警窗

报警窗口创建完成后,要对其进行配置。双击报警窗口,弹出"报警窗口配置属性页"窗口,如图 6.48 所示,其有 5 个选项卡,分别为"通用属性""列属性""操作属性""条件属性"和"颜色和字体属性"。

在"通用属性"选项卡中,可以配置"报警窗口名""实时报警窗""历史报警窗""属性选择""日期格式"和"时间格式"等。

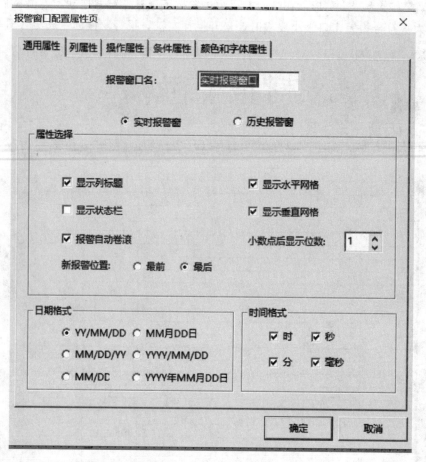

图 6.48　报警窗口配置

在"列属性"选项卡中，可以配置报警窗口显示哪些列，以及这些列的顺序等。

在"操作属性"选项卡中，可以配置操作安全区、操作分类、允许报警确认、显示工具条、允许双击左键等。

在"条件属性"选项卡中，可以配置运行时报警窗口需显示的内容，包括报警服务器名、报警信息源站点、优先级、报警组名、报警类型等。

在"颜色和字体属性"选项卡中，可以配置报警窗口各信息条在运行系统中显示的字体和颜色等。

6.3.11　系统的运行与调试

生产线控制系统的界面设计、关联变量和程序编制完成后，程序应该进行调试，最后完成的系统运行流程如下：

在组态王平台上建立窗口并设置好窗口属性（图 4.49）。通过绘图工具箱中的工具，绘制出组建系统所需的各个元件，调用系统控件制作控制按钮，利用文字标签对相应元件进行注释。最后生成的整体效果图如图 6.50 所示。

水瓶在传送带传动，经过储水池连接的灌装泵，进行灌装。

图 6.49　首页

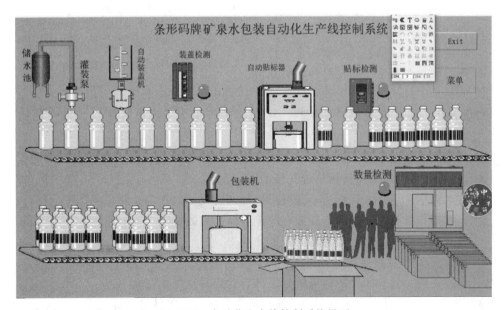

图 6.50　自动化生产线控制系统界面

　　灌装完成送往自动装盖机自动装盖，通过装盖检测检测完成装盖的水瓶与装盖失败的水瓶数量，并报警未装盖的水瓶。

　　水瓶加入自动贴标机进行贴标，送往贴标检测检测完成贴标的水瓶与贴标失败的水瓶数量，并报警未贴标的水瓶。

　　完成贴标的水瓶，经过人工整理成 2×4 一扎的水瓶，在进入包装机进行塑料包装，经由人工打包成四包一箱，搬运至数量检测，统计箱数。

（1）该工程的生产流程如下：

1）从配方中选择已有的产品种类或手动的输入产品种类及相关的信息。

2）进入生产测试状态，校验喷码是否正确来确认生产线能否投入正常生产。

3）如果生产测试通过，可以根据操作员的选择，将生产线置于自动或手动模式。

4）将生产线置于自动模式下，组态王将条码阅读器校验正确的条码内容存入数据库，供操作员进行查询、修改、打印等操作。同时可以实时打印标签。

5）发生条码错误后将该产品从生产线上剔除，该产品信息将不被录入数据库。

6）在生产过程中暂停生产线，并实时修改没有打印的条码信息和数据库中的条码信息。

7）在线监测生产线上产生故障的设备，以帮助检修人员确认和查找故障。

8）在停下生产线时必须进行结批操作，以处理生产线上现存的产品，并将一些数据进行保存处理。运用组态王软件强大的组态功能，非常简单地实现了上述的功能。

（2）系统功能和特点。上面的产品包装过程比较简单，所以硬件配置也比较简单。但对于包装流程比较复杂的情况下，上面的硬件配置显然无法完成生产上的要求。这时可以参考下面的硬件配置方案：工控机＋变频器（西门子的变频器或其他公司的变频器）＋MPI 或 Profibus－DP 通信方式＋条码阅读器（MicroScan 系列中的产品）。

软件：通用组态王 6.55 版＋PLC 的编程软件＋条码阅读器的配置软件。

这两种配置都可以完成下面的功能：

1）对生产流水线的自动控制和手动控制。

2）能实现对产品信息的校验和相关处理。

3）能显示实时的工作状况和反应各个参数的变化，可随时进行调用并显示、查询和打印产品信息。具有产品种类的预存，可随时进行输入、修改或删除某种产品的相关信息。

4）美观实用的动态模拟，利用动态画面模拟生产流水线上的工作状况。如操作画面上的大盘是否在转动，平移链板是否在移动等。

5）将产品信息记录入数据库，并可以进行实时显示、查询、删除和打印操作。

6）具有操作员权限管理功能并能在线修改操作员的权限。

7）具有现场管理及网络化的远程服务的能力。

8）通过 ODBC 数据接口支持第三方的商业数据库。

9）组态王的免费升级功能为系统以后的功能提升预留了空间。

本系统具有运行可靠、功能齐全、投资低、升级方便等特点，为操作人员提供了较完善的系统运行信息和产品信息，减轻了系统维护的工作量。自动化生产线系统的成功应用极大地改善了操作员的劳动强度，明显地提高了工作效率。

参 考 文 献

[1] 王建，宋永昌，仇学金．工控组态软件入门与典型应用［M］．北京：中国电力出版社，2012．

[2] 王淑红．工控组态软件及应用［M］．北京：中国电力出版社，2016．

[3] 李江全．组态软件 KingView 从入门到监控应用 50 例［M］．北京：电子工业出版社，2015．

[4] 王善斌．组态软件应用指南——组态王 KingView 和西门子 WINCC［M］．北京：化学工业出版社，2011．